高等学校计算机专业系列教材

Operating System Design
and Implementation
Based on LoongArch Architecture

操作系统
设计与实现
基于LoongArch架构

周庆国　杨虎斌　刘刚　陈玉聪　张福新 ●著

机械工业出版社
CHINA MACHINE PRESS

本书以基于 LoongArch 架构的教学版操作系统 MaQueOS 为主线，详细介绍了操作系统内核的设计和实现方法。在介绍 MaQueOS 功能的基础上，依次介绍了显示器驱动、时钟中断、键盘驱动、进程 0 和进程 1 的创建与运行、进程的终止和挂起及唤醒、硬盘驱动、xtfs 文件系统、进程 1 加载可执行文件、页例外、进程间通信和文件操作的实现方法。

本书结构清晰、循序渐进，既突出操作系统的基本原理，又强调动手实现，适合作为高校计算机类专业操作系统相关课程的教材，也适合作为技术人员的参考书。

图书在版编目（CIP）数据

操作系统设计与实现：基于 LoongArch 架构 / 周庆国等著 . —北京：机械工业出版社，2024.1
高等学校计算机专业系列教材
ISBN 978-7-111-74668-3

I. ①操⋯　II. ①周⋯　III. ①操作系统—程序设计—高等学校—教材　IV. ① TP316

中国国家版本馆 CIP 数据核字（2024）第 027257 号

机械工业出版社（北京市百万庄大街 22 号　邮政编码 100037）
策划编辑：朱　劼　　　　　责任编辑：朱　劼
责任校对：李可意　　梁　静　责任印制：郜　敏
三河市宏达印刷有限公司印刷
2024 年 4 月第 1 版第 1 次印刷
185mm×260mm・10.75 印张・1 插页・258 千字
标准书号：ISBN 978-7-111-74668-3
定价：59.00 元

电话服务　　　　　　　　　　　网络服务
客服电话：010-88361066　　　机 工 官 网：www.cmpbook.com
　　　　　010-88379833　　　机 工 官 博：weibo.com/cmp1952
　　　　　010-68326294　　　金 书 网：www.golden-book.com
封底无防伪标均为盗版　　　机工教育服务网：www.cmpedu.com

前　　言

编写初衷

早在 2019 年，我们就计划撰写一本用于操作系统实验课程的教材。当时的思路是对基于 x86 架构的 Linux 0.11 内核进行深入分析后，从零开始一步一步实现一个用于教学的 Linux 0.11 操作系统内核。但是，按照这个思路，要分析 1 万多行源代码，所以进展缓慢。幸运的是，龙芯中科基于二十年的 CPU 研发经验和生态建设积累，于 2020 年推出了 LoongArch 架构。我们实验室于 2021 年和龙芯中科合作了教育部产学合作项目——"基于 LoongArch 架构的教学版操作系统内核"。2022 年，作为该项目的重要成果，MaQueOS 诞生了。

MaQueOS 简介

MaQueOS 是一个开源的基于 LoongArch 架构的教学版操作系统[⊖]。作为一个教学版操作系统，MaQueOS 的代码虽然只有 1000 多行，但是它实现了操作系统核心的进程管理、内存管理、文件系统、中断管理和外设驱动等功能子系统，并为应用程序提供了 16 个系统调用接口。

MaQueOS 由 Linux 0.11 内核深度裁剪而来，并完成了从 x86 架构到 LoongArch 架构的移植。其中，对所有外设驱动程序（硬盘、键盘和显示器）进行了重写。除此之外，不同于 Linux 0.11 支持 MINIX 文件系统、a.out 可执行文件和基于管道操作的进程间通信机制，MaQueOS 支持自定义的 xtfs 格式的文件系统、xt 格式的可执行文件和基于共享内存的进程间通信机制。

其中，xtfs 文件系统是一个极小型的文件系统，仅用 100 多行代码就实现了文件的创建 / 删除、打开 / 关闭和读 / 写操作，以及文件系统挂载功能。xt 可执行文件包括一个大小为 512 字节的可执行文件头和代码数据被链接在一起的二进制可执行代码，因此对 xt 可执行文件的加载过程相当简洁。基于共享内存的进程间通信机制的实现也比基于管道操作的进程间通信机制的实现更简单、高效。

目标读者

本书详细地介绍了 MaQueOS 的实现过程，适合作为高校计算机及相关专业操作系统原理课程的补充读物和实验课程的教材。除此之外，本书也可以作为学习 Linux 内核原理的读者的入门参考书。

⊖　MaQueOS 的开源地址为 https://gitee.com/dslab-lzu/maqueos。

各章内容简介

本书以 MaQueOS 的实现过程为主线，介绍了如何从零开始实现一个操作系统。本书最大的特点是采用循序渐进的方式组织内容，每章的内容都是在上一章内容的基础上实现的。通过第 1～12 章内容的迭代，读者可以对操作系统的实现过程有更加深入的理解。

本书大部分章都有一个（或者多个）实例，用于验证该章实现的功能。第 1～12 章的最后都安排了数量不等的任务，读者可以通过完成这些任务，更好地掌握各章的内容。本书各章的主要内容如下：

- 第 0 章：简述 MaQueOS 支持的功能，以及验证这些功能的测试应用程序。
- 第 1 章：介绍显示器的组成以及显示原理，在此基础上详细地描述 MaQueOS 的显示器驱动程序的实现细节，包括字符的显示和擦除操作、回车换行的处理、卷屏的操作和删除字符的过程以及 panic 函数。
- 第 2 章：介绍 LoongArch 架构提供的用于产生时钟中断的恒定频率定时器的使用原理，以及 LoongArch 架构支持的 13 个中断类型。然后，介绍时钟中断的初始化过程、开中断的过程，并详细地描述产生时钟中断后 MaQueOS 处理时钟中断的过程。
- 第 3 章：介绍 MaQueOS 的物理内存管理机制，描述 MaQueOS 在内核态下使用的虚拟地址到物理地址的地址转换模式，并重点介绍 3A 处理器和 7A 桥片中与中断有关的控制器的功能，以及键盘驱动程序的实现。
- 第 4 章：介绍 MaQueOS 使用的虚拟内存管理机制，重点描述 MaQueOS 使用的基于二级页表结构的页表映射；描述 MaQueOS 在用户态下使用的虚拟地址到物理地址的地址转换模式，以及如何在二级页表结构中建立虚拟页和物理页之间的映射关系；描述用于进程管理的数据结构（进程描述符）、进程 0 的创建过程，以及从内核态进入用户态运行进程 0 的可执行代码的过程、TLB 重填例外的处理过程和时钟中断处理过程。
- 第 5 章：介绍 MaQueOS 为应用程序提供服务的系统调用的处理过程，主要包括在用户态下调用系统调用、从用户态进入内核态后保存中断现场、系统调用的处理过程和系统调用的返回等。最后，介绍在 CPU 上运行多个进程时，MaQueOS 引入的基于时间片的进程间切换机制。
- 第 6 章：讨论 MaQueOS 的进程挂起、唤醒与终止机制，重点描述子进程如何向父进程发送终止信号、父进程如何接收并处理终止信号以及最终父进程如何释放子进程占用的系统资源。
- 第 7 章：介绍 SATA 硬盘的接口标准 AHCI，并基于 AHCI 接口标准详细描述 SATA 硬盘的初始化和读写过程。在读写硬盘过程中涉及的硬盘中断处理过程类似于第 3 章中介绍的键盘中断处理过程。
- 第 8 章：介绍 MaQueOS 目前唯一支持的 xtfs 文件系统，包括 xtfs 文件系统的格式和涉及的数据结构；详细地描述如何将一个硬盘镜像文件格式化为 xtfs 文件系统，以及如何将一个普通文件复制到 xtfs 文件系统。

- 第 9 章：介绍 MaQueOS 如何挂载第 8 章中介绍的 xtfs 文件系统，以及 MaQueOS 目前唯一支持的 xt 可执行文件格式；描述专门为 MaQueOS 开发的用于和用户进行交互的 shell 程序 xtsh 的实现；着重介绍 MaQueOS 加载运行 xt 可执行文件的过程。

- 第 10 章：介绍页无效例外和页修改例外的触发条件，以及可能发生页无效例外和页修改例外的场景；描述在前几章内容的基础上实现的 MaQueOS 对页无效例外和页修改例外的支持；介绍页无效例外和页修改例外在 LoongArch 架构中的触发条件，以及发生页无效例外和页修改例外后的处理过程。

- 第 11 章：介绍 MaQueOS 支持的基于共享内存的进程间通信机制，以及共享内存机制在 MaQueOS 中的具体实现；说明由于共享内存机制的引入，对复制和释放页表操作的修改；详细介绍 MaQueOS 支持的软件定时器的实现原理。

- 第 12 章：介绍 xtfs 文件系统中基本文件操作的具体实现，包括文件的创建、删除、打开、关闭和读写等。

- 附录：附录 A 介绍如何搭建实验环境；附录 B 介绍在 MaQueOS 中使用的 LoongArch 汇编指令；附录 C 对 MaQueOS 涉及的 LoongArch 控制状态寄存器进行说明；附录 D 介绍 MaQueOS 内核代码使用的库函数，这些库函数都位于 include 目录下的 xtos.h 头文件中；附录 E 描述飞机大战程序的概要设计。

致谢

感谢参与"基于 LoongArch 架构的教学版操作系统内核"项目的兰州大学信息科学与工程学院的研究生和本科生。他们是：

- 前期在分析、裁剪 Linux 0.11 内核源码过程中，参与文件系统部分工作的钱浩莱、李城炜、叶楚玮同学，参与内存管理部分工作的邵岚晔、陈之帆、张昱宽同学，参与引导系统部分工作的鲁叶木、孔俊同学，参与进程管理部分工作的陶蒙媛、王天同、冯柳源同学，参与中断系统部分工作的孙川卜同学，参与字符设备部分工作的徐楚佳、张浩文同学，参与块设备部分工作的张芝林、张钧同学。

- 后期在从 x86 架构移植到 LoongArch 架构过程中，参与移植工作的邵若忱、蒋远博、吕锐、王天一、叶清扬、聂嘉一同学。

- 在本书撰写过程中，参与资料准备和部分编写工作的程延博、张斯奕、王鹤阳、杨柳、吴鸿杰、李丰耘同学，以及参与校稿的安卓君同学。

最后特别感谢机械工业出版社的各位编辑为本书出版提供的专业意见和建议。

联系我们

如果您发现书中有任何问题，或者对本书有任何意见、建议，请通过邮箱 dslab@lzu.edu.cn 与作者联系。

作 者

2024 年 1 月

目　　录

VIII

第 0 章　绪论

MaQueOS 是一个基于龙芯 LoongArch 架构的教学版操作系统。它使用 C 语言和 LoongArch 汇编指令编写。目前，MaQueOS 仅可以运行在 QEMU 虚拟机中，不支持在 LoongArch 架构的物理硬件平台上运行。MaQueOS 由 Linux 0.11 内核深度裁剪而来，并做了从 x86 架构到 LoongArch 架构的移植。其中，硬盘驱动、键盘驱动和显示器驱动进行了重写。除此之外，MaQueOS 仅支持自定义的 xtfs 格式的文件系统和 xt 格式的可执行文件，并且实现了基于共享内存的进程间通信机制。

作为一个教学版操作系统，MaQueOS 的特点是设计简单。正如 MaQueOS 这个名字的含义，"麻雀"虽小，五脏俱全。如表 0.1 所示，与目前的教学版操作系统相比，MaQueOS 的代码虽然只有 1000 多行，但是它实现了操作系统核心的功能子系统：进程管理、内存管理、文件系统、中断管理和外设驱动。

表 0.1　教学版操作系统的对比

操作系统	学校	源代码仓库地址	代码量	架构
uCore	清华大学	https://github.com/kiukotsu/ucore	8000 行以上[⊖]	x86
ChCore	上海交通大学	https://gitee.com/ipads-lab/chcore-lab-v2	8000 行以上[⊖]	ARM
Lcore	浙江大学	https://abook.hep.com.cn/1878002（源代码未在开源平台发布）	4000 行以上[⊜]	MIPS
XV6	麻省理工学院	https://github.com/mit-pdos/xv6-riscv	4000 行以上[⊛]	Risc-V
MaQueOS	兰州大学	https://gitee.com/dslab-lzu/maqueos	1000 行以上[⊚]	LoongArch

为了能更好地适用于教学，以及让读者尽快掌握基本的操作系统实现原理，MaQueOS 被实现为一个基于单核处理器的操作系统，同时没有考虑只有在多核处理器情况下存在的资源竞争问题。除此之外，为了减小代码量，以及简化功能流程，MaQueOS 未做过多的异常处理。当内核在运行过程中遇到异常情况时，仅仅在打印错误信息后终止运行。例如，在调用 get_page 函数申请一个空闲物理页时，若系统中已没有空闲物理页，则在打印"panic: out of memory!"信息后，系统进入死循环，而不是返回 NULL（表示系统中已无可分配的空闲物理页）。之后，在调用 get_page 函数申请空闲物理页的函数中，判断物理页是否申请成功。

0.1　MaQueOS 的功能

MaQueOS 的总体架构如图 0.1 所示，它的主要工作是向下负责管理硬件资源，向上通

[⊖] https://github.com/kiukotsu/ucore/tree/master/labcodes/lab8/kern 目录下所有代码的总行数。
[⊖] https://gitee.com/ipads-lab/chcore-lab-v2/tree/lab5/kernel 目录下所有代码的总行数。
[⊜] Lcore-Stage8-01/kern 目录下所有代码的总行数。
[⊛] https://github.com/mit-pdos/xv6-riscv/tree/riscv/kernel 目录下所有代码的总行数。
[⊚] https://gitee.com/dslab-lzu/maqueos/tree/master/code12/kernel 目录下所有代码的总行数。

过系统调用接口为应用程序提供各种服务。本节主要从进程管理、内存管理、文件系统、外设驱动和中断管理这五个方面对 MaQueOS 的功能进行介绍。

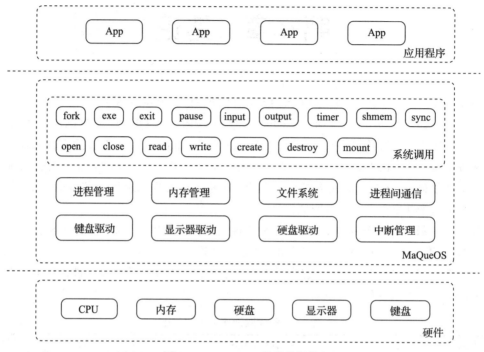

图 0.1   MaQueOS 的总体架构

0.1.1   进程管理

在 MaQueOS 中，每个进程都由一个进程描述符管理，进程描述符对应 process 数据结构，如代码清单 11.3 所示。MaQueOS 维护了一个用于管理系统中所有进程的进程描述符指针数组——process 数组。某一时刻 MaQueOS 在系统中最多可以运行 64 个进程，因此 process 数组有 64 项。MaQueOS 中运行的进程有 4 个状态：可运行状态（TASK_RUNNING）、可中断挂起状态（TASK_INTERRUPTIBLE）、不可中断挂起状态（TASK_UNINTERRUPTIBLE）和终止状态（TASK_EXIT）。

进程在运行过程中，可能运行在用户态或者内核态下。当进程运行在用户态下时，执行的是进程对应的应用程序的二进制可执行代码；当进程运行在内核态下时，执行的是内核的二进制可执行代码。不同进程运行各自的可执行代码，内核的可执行代码由所有进程共享。

进程通常在用户态下运行应用程序的可执行文件。当产生中断、例外或者主动调用系统调用（一种特殊的例外）后，进入内核态，当中断和例外处理完成后，再返回到用户态下运行。MaQueOS 支持的中断详见 0.1.5 节。

MaQueOS 支持基本的进程管理操作，包括进程创建与终止、进程挂起与唤醒以及进程调度。如图 0.1 所示，为了给应用程序提供基本的进程管理的功能，MaQueOS 实现了 4 个系统调用：fork、exe、exit 和 pause。

1. 进程创建

在 MaQueOS 中,除了第 1 个进程(进程 0)由 process_init 函数进行初始化,其他所有进程都是通过该进程的父进程调用 fork 系统调用创建的。之后根据是否加载可执行文件,子进程分为两种情况:第一种情况是,父子进程使用相同的可执行文件,在这种情况下,只需要调用 fork 系统调用即可;第二种情况是,父子进程使用不同的可执行文件,在这种情况下,子进程还需要调用 exe 系统调用,加载子进程的可执行文件,同时释放和父进程共享的内容。

2. 进程终止

子进程在结束运行前,通过调用 exit 系统调用,将自己的状态设置为终止状态(TASK_EXIT),再向父进程发送终止信号,之后调用进程切换函数。至此,子进程再也不会被调度运行,但是子进程占用的资源仍然没有被释放。当父进程接收到子进程发送的终止信号后,释放子进程占用的系统资源。

3. 进程调度

为了能够在一个处理器上运行多个进程,MaQueOS 将处理器的运行时间划分为以 1 秒为单位的时间片,并在进程创建和时间片用完时,为进程分配固定数量的时间片。当前进程的时间片用完后,MaQueOS 提供的进程调度函数通过遍历 process 数组找到一个处于可运行状态(TASK_RUNNING)的进程,将其切换到处理器上运行。

4. 进程挂起与唤醒

进程在运行过程中,会因为某些原因挂起。MaQueOS 提供的进程挂起与唤醒机制涉及不可中断挂起唤醒和可中断挂起唤醒两种情况。

例如,在等待子进程终止运行时,父进程调用 pause 系统调用,通过将自己的状态设置为可中断挂起(TASK_INTERRUPTIBLE)来挂起该进程,当子进程给父进程发送终止信号后,父进程被唤醒,并释放子进程占用的资源。为了获取从键盘输入的字符,进程在用户态下调用 input 系统调用进入内核态,在 input 系统调用处理程序中,若检测到用于保存键盘输入字符的队列为空,则通过将进程的状态设置为不可中断挂起(TASK_UNINTERRUPTIBLE)来挂起该进程。当用户按下键盘上的按键后,键盘中断处理程序将等待键盘输入的该进程唤醒,该进程获取字符后,从内核态返回到用户态。

因此,两种进程挂起状态的区别是:处于可中断挂起状态的进程只能被信号唤醒;处于不可中断挂起状态的进程不能被信号唤醒,只能在等待的资源得到满足时才能被唤醒。

5. xt 格式的可执行文件加载

MaQueOS 仅支持加载运行 xt 格式的可执行文件。如图 9.1 所示,xt 可执行文件包括两部分:xt 可执行文件头和二进制可执行代码。其中,xt 可执行文件头的大小为 512B,二进制可执行代码的大小必须按 4KB 对齐。MaQueOS 提供了一个脚本,用于将一个使用 LoongArch 汇编指令编写的汇编应用程序,通过编译链接生成一个可以在 MaQueOS 上运行的 xt 格式的可执行文件。如前所述,在进程创建过程中,进程在用户态下通过调用 exe 系统调用来实现对 xt 格式的可执行文件的加载。

6. 基于共享内存的进程间通信

进程间通信指的是正在运行的进程之间通信的机制。进程间通信的机制有多种，MaQueOS 采用的是基于共享内存的进程间通信机制。它的基本原理是：在物理内存中申请一个物理页，将其与需要通信的进程的虚拟页建立映射，并且将虚拟页的访问属性设置为可写，从而通过读写共享物理页达到进程间通信的目的。为了给应用程序提供基于共享内存的进程间通信的功能，MaQueOS 实现 shmem 系统调用（如图 0.1 所示）。

0.1.2 内存管理

处理器中的内存管理单元（MMU）将 CPU 访问的虚拟地址转换为物理地址。LoongArch 架构中的 MMU 支持两种地址转换模式：直接地址翻译模式和映射地址翻译模式。MaQueOS 采用映射地址翻译模式进行虚拟地址到物理地址的转换。映射地址翻译模式又分为直接映射地址翻译模式和页表映射地址翻译模式。当 MMU 处于映射地址翻译模式时，会优先选择直接映射地址翻译模式，若无法应用直接映射地址翻译模式，则选择页表映射地址翻译模式。

MaQueOS 在内核态下采用直接映射地址翻译模式，为内核态下的虚拟地址空间 0x9000000000000000～0x9000FFFFFFFFFFFF 和物理地址空间 0x0～0xFFFFFFFFFFFF 建立一一映射。例如，在内核态下，CPU 访问虚拟地址 0x9000000000200000 时，MMU 将该虚拟地址转换为物理地址 0x200000。

MaQueOS 在用户态下采用页表映射地址翻译模式。MaQueOS 中的页表映射使用二级页表结构。二级页表结构中的页目录（PD）、页表（PT）及物理页（PG）的大小都为 4KB。其中，页目录的起始物理地址存放在 PGDL 寄存器中，页表的起始物理地址存放在页目录项（PDE）中，物理页的起始物理地址存放在页表项（PTE）中。MMU 在进行虚拟地址到物理地址的转换时，需要将 64 位的虚拟地址分为页目录项索引、页表项索引和页内偏移 3 个部分。其中，页目录项索引用于在页目录中定位页目录项，页表项索引用于在页表中定位页表项，页内偏移用于在物理页中定位虚拟地址转换到的物理地址。

对于物理内存，MaQueOS 支持 128MB 物理内存进行申请和释放。物理内存以页为单位进行申请和释放，页的大小为 4KB。因此，128MB 的物理内存总共包括 128MB÷4KB= 32 768 个物理页。MaQueOS 实现了两个接口函数：get_page 函数和 free_page 函数，其中 get_page 函数用于申请一个空闲物理页，free_page 函数用于释放一个物理页。在 MaQueOS 中，使用一个 char 型数组 mem_map 记录所有 32 768 个物理内存页的状态。若 mem_map 数组中某项的值为 0，则表示该项对应的物理页空闲；若值为 1，则表示该项对应的物理页被占用。

0.1.3 文件系统

文件系统的主要作用是组织、管理存放在硬盘上的文件。在使用硬盘存放文件之前，需要将硬盘格式化为某种文件系统格式。MaQueOS 目前只支持 xtfs 文件系统格式。如图 8.1 所示，在 xtfs 文件系统中，文件的数据存储在数据块中，每个文件对应 1 个用于管理文件的 inode 数据结构，所有 inode 数据结构存放在 0 号数据块的 inode 表中。在 xtfs 文件系统中，使用存放在 1 号数据块中的数据块位图表示数据块占用情况，若数据块位图中的比特为 1，则表示对应的数据块已被占用；若为 0，则表示处于空闲状态。

xtfs 文件系统中数据块的大小为 512B，因为每个数据块在数据块位图中占用 1 位，xtfs 文件系统共有 $512 \times 8 = 4096$ 个数据块，所以在 xtfs 文件系统中最多可以存放 $4096 \times 512B = 2MB$ 数据。因为 inode 数据结构的大小为 16B，所以 xtfs 文件系统最多支持 $512 \div 16 = 32$ 个文件。xtfs 文件系统只能存放常规文件和可执行文件，不能存放目录文件，所以在 xtfs 文件系统中查找文件的操作非常简单，不用考虑文件路径的因素。

为了制作根文件系统，MaQueOS 提供了两个工具：format 和 copy。其中，format 工具的作用是将一个硬盘镜像文件格式化为 xtfs 文件系统格式，copy 工具的作用是把一个文件复制到 xtfs 文件系统中。为了给应用程序提供挂载根文件系统的功能，MaQueOS 实现了 mount 系统调用（如图 0.1 所示）。

MaQueOS 支持 xtfs 文件系统中文件的创建与删除、打开与关闭，以及读写操作。为了给应用程序提供这 6 个基本的文件操作功能，MaQueOS 对应地实现了 6 个系统调用：create、destroy、open、close、write 和 read（如图 0.1 所示）。

0.1.4 外设驱动

为了提供基本的交互功能，MaQueOS 实现了键盘和显示器驱动，它们共同组成了一个控制台。其中，显示器驱动程序实现了字符显示和擦除、回车换行、卷屏和删除字符的功能。键盘驱动程序实现了保存用户输入的按键信息，并为进程提供按键信息的功能。为了给应用程序提供从键盘获取字符和向显示器显示字符的功能，MaQueOS 分别实现了 2 个系统调用：input 和 output（如图 0.1 所示）。

除了上述的键盘和显示器驱动，MaQueOS 还实现了硬盘驱动，提供了读写硬盘数据的接口函数。为了加快访问硬盘数据的速度，MaQueOS 在内存中申请了一个用于缓存硬盘数据的内存缓冲区。内存缓冲区由大小为 512B 的缓冲块组成，缓冲块的大小和硬盘中扇区的大小相同。当需要读写硬盘时，硬盘驱动程序首先会判断需要读写的数据是否在缓冲区中，若在缓冲区中，则直接读写缓冲区中的数据；若不在缓冲区中，则需要先将硬盘中的数据加载到缓冲区，再进行读写操作。因此，为了给应用程序提供将内存缓冲区中的数据写回到硬盘的功能，MaQueOS 实现了 sync 系统调用（如图 0.1 所示）。

0.1.5 中断管理

LoongArch 架构共支持 13 个中断，分别为 1 个核间中断（IPI）、1 个定时器中断（TI）、1 个性能监测计数溢出中断（PMI）、8 个硬中断（HWI0～HWI7）和 2 个软中断（SWI0～SWI1）。其中，MaQueOS 中的时钟中断使用了定时器中断（TI），键盘和硬盘中断使用了硬中断（HWI0）。为了给应用程序提供软件定时器的功能，MaQueOS 实现了 timer 系统调用。

0.2 系统功能测试

为了对 MaQueOS 实现的功能进行测试，我们基于 MaQueOS 提供的系统调用，使用 LoongArch 汇编指令编写了测试应用程序。测试程序的运行原理在每章中进行了详细的解释。

相关的测试程序如下：

1）create 应用程序（第 12 章），通过调用 create 系统调用，创建一个常规文件 hello_xt。

2）destroy 应用程序（第 12 章），通过调用 destroy 系统调用，删除 hello_xt 文件。

3）write 应用程序（第 12 章），首先通过调用 open 系统调用打开 hello_xt 文件，然后调用 write 系统调用向文件中写入字符串"hello,xt!"，最后通过调用 close 系统调用关闭文件。

4）read 应用程序（第 12 章），首先通过调用 open 系统调用打开文件 hello_xt，然后调用 read 系统调用从该文件中读取内容"hello,xt!"，将读取的内容显示在显示器上后，通过调用 close 系统调用关闭文件。

5）sync 应用程序（第 12 章），通过调用 sync 系统调用，将内存缓冲区的内容写回到硬盘中对应的数据块里。

6）hello 应用程序（第 11 章），通过调用 timer 系统调用，实现每隔固定时间在显示器上显示"hello,world."字符串的功能。

7）print 应用程序（第 9 章），实现了在显示器上显示用户通过 xtsh 传递给 print 应用程序的字符串。

8）share 应用程序（第 10 章），在运行时创建了 1 个子进程。其中，在子进程创建前，父进程通过对其用户栈进行写操作来触发页无效例外；在子进程创建后，父子进程通过对各自的用户栈进行写操作来触发页修改例外。

9）shmem 应用程序（第 11 章），在运行时创建了 1 个子进程。父子进程首先通过调用 shmem 系统调用，为两个进程创建了一个共享内存 plane，之后父子进程通过对共享内存 plane 的读写操作进行通信。

在 MaQueOS 启动后，为了给用户提供交互界面，MaQueOS 开发了一个用于和用户进行交互的 shell 程序——xtsh（第 9 章）。当 MaQueOS 启动后，进程 1 在用户态下通过调用 exe 系统调用，加载运行 xtsh 应用程序，并等待用户输入命令。上述所有应用程序都可以在 xtsh 中运行。

除了这 9 个测试应用程序，可以使用在附录 E 中的飞机大战应用程序对 MaQueOS 的功能进行更加全面的测试。飞机大战应用程序的实现被拆分成多个独立的子任务，这些子任务分散在每章的本章任务中。

第 1 章　显示器驱动

本章首先介绍显示器的显示原理，在此基础上详细描述 MaQueOS 显示器驱动程序的实现细节，包括字符的显示和擦除操作、回车换行的处理、卷屏的操作和删除字符的过程。为了提供在显示器上显示字符串的接口，MaQueOS 实现了一个接口函数 printk，该函数的作用是将传递给它的字符串参数显示在显示器上。为了验证显示器驱动功能的正确性，基于显示器驱动程序的 printk 接口函数，本章实验 code1 在系统初始化函数 main 函数中，通过调用 printk 函数在显示器上显示字符串 "hello, world."。

1.1　显示器的显示原理

为了将字符显示到显示器上，通常需要一种硬件的支持，这种硬件就是显卡。显卡的主要作用是控制显示器的显示模式和状态，并将内容显示到显示器上。显卡控制显示器的最小单位是像素，一个像素对应显示器上的一个点。为了控制像素的显示，在显卡上通常有一个按字节访问的存储器——显示存储器（Video RAM，简称显存）。将需要显示的内容预先写入显存中，显卡会周期性地把内容从显存显示到显示器上。

1.1.1　显示模式

显卡支持的显示模式通常有两类：字符模式（Character Mode）和图形模式（Graphics Mode）。MaQueOS 使用的显示模式为图形模式。在 MaQueOS 中，显示参数被定义为宏。MaQueOS 显示参数的定义见代码清单 1.1。

代码清单 1.1　MaQueOS 的显示参数

```
1    #define NR_PIX_X 1280
2    #define NR_PIX_Y 800
3    #define CHAR_HEIGHT 16
4    #define CHAR_WIDTH 8
5    #define NR_CHAR_X (NR_PIX_X / CHAR_WIDTH)
6    #define NR_CHAR_Y (NR_PIX_Y / CHAR_HEIGHT)
```

如图 1.1 所示，显示器的分辨率为 1280(NR_PIX_X) × 800(NR_PIX_Y)，像素总数为 $1280 \times 800 = 1\,024\,000$。每个字符由 8(CHAR_WIDTH) × 16(CHAR_HEIGHT) 的像素点阵组成，这个像素点阵被称为字模（Fonts）。显示器每行可显示 160(1280 ÷ 8) 个字符，总共可显示 50(800 ÷ 16) 行。

1.1.2　字符显示

在显示器驱动程序中，write_char 函数（详见代码清单 1.2）用于将指定的字符写入显存中指定的位置。write_char 函数有 3 个参数，第 1 个参数为字符的 ASCII 值，第 2 个和第 3

个参数为字符显示位置的坐标。本节以显示字符"！"为例，分析 write_char 函数的处理过程，其中字符的显示位置为第 2 行第 4 列。

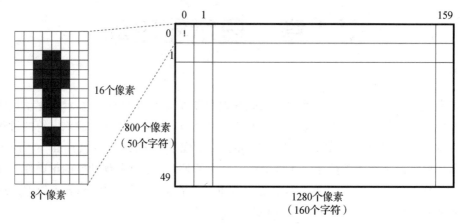

图 1.1   MaQueOS 显示参数

代码清单 1.2   write_char 函数

```
1    #define VRAM_BASE 0x40000000UL
2    #define NR_PIX_X 1280
3    #define CHAR_HEIGHT 16
4    #define CHAR_WIDTH 8
5    #define NR_BYTE_PIX 4
6
7    void write_char(char ascii, int xx, int yy)
8    {
9            char *font_byte;
10           int row, col;
11           char *pos;
12
13           font_byte = &fonts[(ascii - 32) * CHAR_HEIGHT];
14           pos = (char *)(VRAM_BASE + (yy * CHAR_HEIGHT * NR_PIX_X
                 + xx * CHAR_WIDTH) * NR_BYTE_PIX);
15           for (row = 0; row < CHAR_HEIGHT; row++, font_byte++)
16           {
17                   for (col = 0; col < CHAR_WIDTH; col++)
18                   {
19                           if (*font_byte & (1 << (7 - col)))
20                           {
21                                   *pos++ = 0;
22                                   *pos++ = 0;
23                                   *pos++ = 255;
24                                   *pos++ = 0;
25                           }
26                           else
27                                   pos += NR_BYTE_PIX;
28                   }
29                   pos += (NR_PIX_X - CHAR_WIDTH) * NR_BYTE_PIX;
30           }
31    }
```

下面对代码清单 1.2 进行说明。

在**第 13 行**中，如上节所述，每个字符对应一个 8×16 像素点阵的字模，"！"的字模如图 1.2 所示。其中，值为 1 的比特组成一个形状为！的图形。MaQueOS 在显示器上支持显示的字符个数为 95。这些可显示字符对应的字模存放在 font.c 文件的 fonts 数组中。如图 1.2 所示，每个字模需要 16 字节来表示，即在 fonts 数组中占用 16 项，因此，fonts 数组中偏移为 0 的字模占用第 0～15 项，对应字符的 ASCII 值为 32（空格），偏移为 1 的字模占用第 16～31 项，对应字符的 ASCII 值为 33（"！"），以此类推，偏移为 94 的字模占用最后 16 项，对应字符的 ASCII 值为 126（"～"）。

```
0x00    00000000
0x00    00000000
0x18    00011000
0x3c    00111100
0x3c    00111100
0x3c    00111100
0x18    00011000
0x18    00011000
0x18    00011000
0x00    00000000
0x18    00011000
0x18    00011000
0x00    00000000
0x00    00000000
0x00    00000000
0x00    00000000
```

图 1.2　字符 "！" 的字模

因为 fonts 数组中偏移为 0 的字模的对应字符的 ASCII 值为 32，所以，为了获取字符的对应字模在 fonts 数组中的起始项（共 16 项），应先将字符的 ASCII 值减去 32 得到该字符的对应字模在 fonts 数组中的偏移，再乘以每个字模占用的字节数 16，最终得到该字符的对应字模在 fonts 数组中的起始项。字符 "！" 的 ASCII 值为 33，因此，对应字模在 fonts 数组中的偏移为 1，再乘以每个字模占用字节数 16，最终计算出该字模在 fonts 数组中的起始项为 16。

在**第 14 行**中，获取字符的起始像素在显存中的起始地址，计算过程如下：

1）计算出字符起始像素在显示器中的偏移量。如图 1.1 所示，因为一行字符占 16 行像素，所以第 yy 行字符前共有 yy×16 行像素。即，第 yy 行字符前像素的总数为 yy×16×1280。又因为一列字符占 8 列像素，所以第 xx 列字符前共有 xx×8 列像素。若将字符 "！" 显示在显示器中的第 2 行第 4 列，因为第 2 行字符前像素的总数为 2×16×1280 = 40 960，并且在第 2×16 行像素中，第 4 列字符前像素的总数为 4×8 = 32，所以字符 "！" 的起始像素在显示器上的偏移为 40 960 + 32 = 40 992。

2）每个像素在显存中占 4 字节（NR_BYTE_PIX），其中前 3 字节分别代表 B、G、R，决定了该像素的颜色。因此将步骤 1 中的计算结果乘以 4，得到字符的起始像素在显存中的偏移。最后，将该偏移加上显存起始地址 0x40000000（VRAM_BASE），得到字符的起始像素在显存中的起始地址。

在**第 15～30 行**中，按行循环遍历字模，共遍历 16 字节。在**第 29 行**中，每行遍历结束后，需要重新计算字符的下一行像素的起始像素在显存中的起始地址。需要增加的字节数为 (1280-8)×4，其中，1280-8 表示显示器一行像素的总数（1280）减去字符一行像素的数量（8），4 表示每个像素在显存中占用的字节数（结果为 5088）。

对于**第 17～28 行**代码，在每行中，按列循环遍历字模，共遍历每个字节中的 8 位。其中，在**第 19～25 行**中，若字模中的当前位为 1，则将对应像素在显存中的（B, G, R）对应的字节分别设置为（0, 0, 255），表示将该像素绘制为红色。在**第 26～27 行**中，若字模中的当前位为 0，则直接跳过该位对应像素在显存中占用的 4 个字节。

如图 1.2 所示，当遍历至字符 "！" 对应字模的第 0 行第 0 列时，因为该位的值为 0，所以不对像素进行绘制，直接跳过该位对应像素在显存中占用的 4 个字节。直至遍历到第 2 行第 3 列时，因为该位的值为 1，所以将该位对应的像素绘制为红色。最终，当字模中的位全部遍历完成后，红色的字符"!"便显示在显示器上。

1.2 printk 函数

在介绍完 MaQueOS 的显示器驱动程序的实现后，为了提供在显示器上显示字符串的接口，MaQueOS 实现了一个接口函数 printk，它的作用是将传递给它的字符串参数显示在显示器上。本章实验 code1 的 main 函数如代码清单 1.3 所示。

代码清单 1.3　main 函数（第 1 版）

```
1    void main()
2    {
3            con_init();
4            printk("hello, world.\n");
5            while (1)
6                    ;
7    }
```

下面分析代码清单 1.3。

- **第 3 行**：MaQueOS 实现了一个由显示器和键盘组成的控制台。调用 con_init 函数对控制台进行初始化。con_init 函数的实现详见代码清单 1.4。
- **第 4 行**：调用 printk 函数，在显示器上显示字符串"hello, world."。显示过程详见 1.2.1 节。
- **第 5～6 行**：进入死循环。

代码清单 1.4　con_init 函数（第 1 版）

```
1    int x, y;
2
3    void con_init()
4    {
5            x = 0;
6            y = 0;
7    }
```

在第 5～6 行中，MaQueOS 定义了 2 个全局变量：x 和 y（具体定义见第 1 行），用于指示下一个显示字符在显示器上的坐标。在 con_init 函数中，将 x 和 y 变量初始化为 0，即控制台初始化完成后，第 1 个显示字符在显示器上的坐标为（0,0）。

1.2.1 显示字符串

在显示器驱动程序中，printk 函数用于将指定的字符串显示到显示器上，显示位置由（x,y）坐标指定。printk 函数的参数为需显示字符串的起始地址。printk 函数的实现详见代码清单 1.5。本节以在 main 函数中调用 printk 函数显示字符串"hello, world."为例，分析 printk 函数的处理过程。

代码清单 1.5　printk 函数

```
1    #define NR_PIX_X 1280
2    #define NR_PIX_Y 800
3    #define CHAR_HEIGHT 16
4    #define CHAR_WIDTH 8
5    #define NR_CHAR_X (NR_PIX_X / CHAR_WIDTH)
6    #define NR_CHAR_Y (NR_PIX_Y / CHAR_HEIGHT)
7    int sum_char_x[NR_CHAR_Y];
8
9    void printk(char *buf)
10   {
11           char c;
12           int nr = 0;
13
14           while (buf[nr] != '\0')
15                   nr++;
16           erase_char(x, y);
17           while (nr--)
18           {
19                   c = *buf++;
20                   if (c > 31 && c < 127)
21                   {
22                           write_char(c, x, y);
23                           sum_char_x[y] = x;
24                           x++;
25                           if (x >= NR_CHAR_X)
26                                   cr_lf();
27                   }
28                   else if (c == 10 || c == 13)
29                           cr_lf();
30                   else if (c == 127)
31                           del();
32                   else
33                           panic("panic: unsurpported char!\n");
34           }
35           write_char('_', x, y);
36   }
```

下面分析代码清单 1.5。

- **第 14～15 行**：通过 while 循环计算字符串的长度，计算得到字符串"hello, world.\n"的长度为 14，其中字符"\n"为换行符（ASCII 值为 10）。

- **第 16 行**：调用 erase_char 函数擦除光标，具体擦除过程详见 1.2.2 节。光标由字符"_"表示，用于指示下一个显示字符在显示器上的位置。因此，在显示字符前，需要先将光标清除。

- **第 17～34 行**：循环遍历字符串中的所有字符，根据字符的 ASCII 值进行相应的处理。其中，第 19 行表示从字符串中获取待处理字符的 ASCII 值。

- **第 20～27 行**：若该字符为可显示字符（ASCII 值为 32～126），则调用 write_char 函数（第 22 行）将字符直接显示在显示器上，显示过程详见 1.1.2 节。第 23 行表示将显示器上当前行已显示字符的个数保存到 sum_char_x 数组中，每行对应数组中的 1 项，总共 50 项，sum_char_x 数组的定义详见第 7 行。在**第 24 行**中，将列数加一。在**第 25～26 行**中，若该字符为当前行的最后一个字符，则调用 cr_lf 函数进行回车换行处理，处理过程详见 1.2.3 节。

- **第 28～29 行**：若该字符为换行符（ASCII 值为 10）或回车符（ASCII 值为 13），则调用 cr_lf 函数进行处理。当字符串"hello, world."被处理到最后一个字符"\n"时，调用 cr_lf 函数进行回车换行处理。
- **第 30～31 行**：若该字符为删除符（ASCII 值为 127），则调用 del 函数进行处理，处理过程详见 1.2.5 节。
- **第 32～33 行**：若该字符不属于以上情况，则视为不可识别字符，调用 panic 函数显示错误信息，处理过程详见 1.2.6 节。
- **第 35 行**：当字符串处理结束后，调用 write_char 函数在字符串末尾显示光标，并指示下一个显示字符在显示器上的位置。

1.2.2 字符擦除

字符擦除函数 erase_char 用于擦除显示器上给定坐标（xx, yy）处的字符。erase_char 函数的实现详见代码清单 1.6。所谓擦除，就是将像素绘制成背景色（黑色）。

代码清单 1.6 erase_char 函数

```
1    #define VRAM_BASE 0x40000000UL
2    #define NR_PIX_X 1280
3    #define CHAR_HEIGHT 16
4    #define CHAR_WIDTH 8
5    #define NR_BYTE_PIX 4
6
7    void erase_char(int xx, int yy)
8    {
9            int row, col;
10           char *pos;
11
12           pos = (char *)(VRAM_BASE + (yy * CHAR_HEIGHT * NR_PIX_X
                    + xx * CHAR_WIDTH) *  NR_BYTE_PIX);
13           for (row = 0; row < CHAR_HEIGHT; row++)
14           {
15                   for (col = 0; col < CHAR_WIDTH; col++)
16                   {
17                           *pos++ = 0;
18                           *pos++ = 0;
19                           *pos++ = 0;
20                           *pos++ = 0;
21                   }
22                   pos += (NR_PIX_X - CHAR_WIDTH) * NR_BYTE_PIX;
23           }
24   }
```

下面分析代码清单 1.6。

- **第 12 行**：获取待擦除字符的起始像素在显存中的起始地址，计算过程详见代码清单 1.2 的第 14 行。
- **第 13～23 行**：按行循环遍历待擦除字符的像素，共遍历 16 行。在**第 15～21 行**中，每行按列循环遍历待擦除字符的像素，共遍历 8 个像素。将每个像素在显存中的（B, G, R）对应的字节设置为（0, 0, 0），表示将该像素绘制为黑色。在**第 22 行**中，每行遍历结束后，重新获取字符下一行像素的起始像素在显存中的起始地址。

1.2.3 回车换行

对回车换行的处理由函数 cr_lf 实现，cr_lf 函数的实现详见代码清单 1.7。

代码清单 1.7 cr_lf 函数

```
1   #define NR_PIX_Y 800
2   #define CHAR_HEIGHT 16
3   #define NR_CHAR_Y (NR_PIX_Y / CHAR_HEIGHT)
4
5   void cr_lf()
6   {
7           x = 0;
8           if (y < NR_CHAR_Y - 1)
9                   y++;
10          else
11                  scrup();
12  }
```

下面分析代码清单 1.7。

- **第 7 行**：将列坐标 x 清 0，实现回车处理。
- **第 8～11 行**：进行换行处理。在**第 8～9 行**中，若当前行不是显示器的最后一行，则通过将行坐标 y 加 1，实现换行处理。在**第 10～11 行**中，若当前行是显示器的最后一行，则需要调用 scrup 函数进行卷屏处理，处理过程详见 1.2.4 节。

1.2.4 卷屏

当显示内容超出显示器最后一行时，需要调用 scrup 函数进行卷屏处理。卷屏的主要处理过程是将显示器第 1～49 行的内容分别复制到第 0～48 行中，并将第 49 行的内容擦除。scrup 函数的实现详见代码清单 1.8。

代码清单 1.8 scrup 函数

```
1   #define VRAM_BASE 0x40000000UL
2   #define NR_PIX_X 1280
3   #define NR_PIX_Y 800
4   #define CHAR_HEIGHT 16
5   #define CHAR_WIDTH 8
6   #define NR_CHAR_X (NR_PIX_X / CHAR_WIDTH)
7   #define NR_CHAR_Y (NR_PIX_Y / CHAR_HEIGHT)
8   #define NR_BYTE_PIX 4
9
10  void scrup()
11  {
12          int i;
13          char *from, *to;
14
15          to = (char *)VRAM_BASE;
16          from = (char *)(VRAM_BASE + (CHAR_HEIGHT * NR_PIX_X * NR_BYTE_PIX));
17          for (i = 0; i < (NR_PIX_Y - CHAR_HEIGHT) * NR_PIX_X * NR_BYTE_PIX;
                  i++, to++, from++)
18                  *to = *from;
```

```
19              for (i = 0; i < NR_CHAR_X; i++)
20                      erase_char(i, NR_CHAR_Y - 1);
21              for (i = 0; i < NR_CHAR_Y - 1; i++)
22                      sum_char_x[i] = sum_char_x[i + 1];
23              sum_char_x[i] = 0;
24      }
```

下面分析代码清单 1.8。

- **第 15 行**：获取显示器第 0 行第 0 列字符的起始像素在显存中的地址 0x40000000。
- **第 16 行**：获取显示器第 1 行第 0 列字符的起始像素在显存中的地址 0x40000000+（16×1280×4）= 0x40014000，计算过程详见代码清单 1.2 的第 14 行。
- **第 17～18 行**：将显示器第 1～49 行中所有像素在显存中的内容，以字节大小为单位（每个像素对应 4 字节）复制到第 0～48 行对应的显存中，需要复制的字节总数为（800−16）×1280×4 = 4 014 080。
- **第 19～20 行**：循环调用 erase_char 函数，擦除第 49 行中的 160 个字符。
- **第 21～22 行**：将显示器第 1～49 行在数组 sum_char_x 中对应项的值分别复制到第 0～48 行对应的项中。
- **第 23 行**：将显示器最后一行在数组 sum_char_x 中的对应项清 0。

1.2.5　删除字符

对字符的删除处理由函数 del 实现，del 函数的实现详见代码清单 1.9。

代码清单 1.9　del 函数

```
1       void del()
2       {
3               if (x)
4               {
5                       x--;
6                       sum_char_x[y] = x;
7               }
8               else if (y)
9               {
10                      sum_char_x[y] = 0;
11                      y--;
12                      x = sum_char_x[y];
13              }
14              erase_char(x, y);
15      }
```

下面分析代码清单 1.9。

- **第 3～7 行**：此时坐标（x,y）指向光标所在的位置，若光标不位于行首，则在**第 5 行**中，对列坐标 x 减 1 后，坐标（x,y）指向待删除的字符。在**第 6 行**中，更新 sum_char_x 数组。
- **第 8～13 行**：若光标位于行首，并且不在首行，表示待删除字符是上一行的最后 1 个字符（由 sum_char_x 数组指定），则在**第 10 行**中将当前行的字符数清 0，在**第 11 行**中将行坐标减 1，在**第 12 行**中从 sum_char_x 数组获取待删除字符的行坐标。此时，坐标（x,y）指向待删除的字符。

- **第 14 行**：调用 erase_char 函数，删除待删除字符。删除过程详见 1.2.2 节。此时，坐标（x,y）指向下一个显示字符在显示器上的位置。

1.2.6　panic 函数

当系统发生错误需要终止运行时，调用 panic 函数显示出错信息，并进入死循环。panic 函数的实现详见代码清单 1.10。

代码清单 1.10　panic 函数

```
1    void panic(char *s)
2    {
3            printk(s);
4            while (1)
5                    ;
6    }
```

下面分析代码清单 1.10。

- **第 3 行**：调用 printk 函数显示错误信息，显示过程详见 1.2.1 节。
- **第 4～5 行**：进入死循环。

1.3　本章任务

1. 为显示器上显示的字符设置背景颜色。
2. 自定义字模，并显示在显示器上。
3. 在显示器上显示彩色照片。
4. （系统监测）将显示器分为上下两部分：
   - 通过修改 code1 中的显示器驱动程序中的参数，为显示器的上半部分提供访问接口。
   - 为显示器的下半部分提供访问接口函数 print_kernel。并调用 print_kernel 函数，在显示器下半部分的指定位置显示字符串"hello, world."。
5. （飞机大战）在显示器上显示一架红色的飞机。飞机造型如下所示：

```
      *
    *****
      *
    *   *
```

第 2 章　时钟中断

本章首先介绍 LoongArch 架构提供的用于产生时钟中断的恒定频率定时器的使用原理，以及 LoongArch 架构支持的 13 个中断类型。在此基础上，介绍时钟中断的初始化过程，以及开中断的过程。最后，详细地描述产生时钟中断后，MaQueOS 处理时钟中断的过程，包括中断硬件处理过程、中断现场保存、中断处理、中断现场恢复和中断返回。为了验证 MaQueOS 的时钟中断处理功能的正确性，本章实验 code2 将恒定频率定时器设置为每隔 1 秒产生一次时钟中断，并且在时钟中断处理程序中实现在显示器上显示字符串"hello, world."，从而达到在显示器上每隔 1 秒显示一次字符串"hello, world."的效果。

2.1　时钟中断初始化

MaQueOS 对时钟中断的初始化在系统初始化过程中完成。本章实验 code2 的 main 函数如代码清单 2.1 所示。

代码清单 2.1　main 函数（第 2 版）

```
1    void main()
2    {
3            con_init();
4    (-)     printk("hello, world.\n");
5    (+)     excp_init();
6    (+)     int_on();
7            while (1)
8                    ;
9    }
```

下面对代码清单 2.1 进行说明。

在**第 4～6 行**中，本章实验 code2 中的 main 函数的第 2 版在第 1 版的基础上增加了对时钟中断的初始化。其中，**第 5 行**表示调用 excp_init 函数初始化时钟中断，初始化过程详见 2.1.2 节。**第 6 行**表示调用 int_on 函数使能全局中断，使能过程详见 2.1.3 节。

2.1.1　恒定频率定时器

LoongArch 架构提供了用于产生时钟中断的恒定频率定时器（以下简称定时器）。在使用定时器前，需要为其设定 1 个自减初始值，定时器会按照固定频率进行自减操作，当自减到 0 时，产生时钟中断信号。通过配置定时器，MaQueOS 就会每隔固定的时间收到时钟中断信号，并进行时钟中断处理。

通过写 TCFG 寄存器中的字段，就可以进行定时器的配置。如图 C.5 所示，TCFG 寄存器需要配置的字段包括定时器倒计时自减的初始值 InitVal、循环模式控制位 Periodic 和定时器使能位 EN。

- InitVal：定时器倒计时自减计数的初始值。硬件将该值左移 2 位后的值作为最终的定时器的自减初始值。例如，若将 InitVal 字段设置为 1，则定时器的自减初始值为 4，即定时器在自减 4 次后，产生时钟中断信号。
- Periodic：循环模式控制位。若该位为 1，则定时器在倒计时自减至 0 时，在产生时钟中断信号的同时，将定时器的自减初始值重新加载为 InitVal 字段中的值左移 2 位后的值，然后在下一个时钟周期重新自减。若该位为 0，则自减至 0 时，在产生定时器中断信号后停止自减。
- EN：定时器使能位。只有当该位为 1 时，定时器才会进行倒计时自减，并在减至 0 时，产生定时器中断信号。

实现时钟中断的使能需要配置 2 个寄存器：ECFG 寄存器和 CRMD 寄存器。其中，ECFG 寄存器用于使能局部中断，使能过程详见 2.1.2 节；CRMD 寄存器用于使能全局中断，使能过程详见 2.1.3 节。如前所述 LoongArch 架构支持 13 个中断，每个中断都有一个局部中断使能位，总共 13 位，分别对应 ECFG 寄存器的 LIE 字段中的 13 位，LIE 字段在 ECFG 寄存器中的位置如图 C.3 所示，其中，定时器中断对应第 11 位。

2.1.2 初始化

时钟中断初始化的主要工作是对上面介绍的定时器进行配置，该工作由 excp_init 函数完成，excp_init 函数的实现详见代码清单 2.2。

代码清单 2.2　excp_init 函数（第 1 版）

```
1    #define CSR_ECFG 0x4
2    #define CSR_EENTRY 0xc
3    #define CSR_TCFG 0x41
4    #define CSR_TCFG_EN (1UL << 0)
5    #define CSR_TCFG_PER (1UL << 1)
6    #define CSR_ECFG_LIE_TI (1UL << 11)
7    #define CC_FREQ 4
8
9    void excp_init()
10   {
11           unsigned int val;
12
13           val = read_cpucfg(CC_FREQ);
14           write_csr_64((unsigned long)val | CSR_TCFG_EN |
                 CSR_TCFG_PER, CSR_TCFG);
15           write_csr_64((unsigned long)exception_handler, CSR_EENTRY);
16           write_csr_32(CSR_ECFG_LIE_TI, CSR_ECFG);
17   }
```

下面对代码清单 2.2 进行说明。

- 第 13～14 行：通过写 TCFG 寄存器，进行定时器的配置。如上节所述，需要对 TCFG 寄存器的 3 个字段进行配置。其中，对 TCFG 寄存器的写操作由 write_csr_64 库函数⊖完成。

⊖ MaQueOS 中使用的所有库函数都定义在 xtos.h 文件中，每个函数的介绍详见附录 D。

InitVal：首先调用 read_cpucfg 库函数，获取定时器所用时钟对应的晶振频率（0x5f5e100），即定时器每秒自减 0x5f5e100 次。通过将该频率的值设置为定时器倒计时自减计数的初始值，达到将定时器中断产生的时间间隔设置为 1 秒的目的。

Periodic：设置为 1（CSR_TCFG_PER），表示打开定时器循环模式。

EN：设置为 1（CSR_TCFG_EN），表示使能定时器。

- 第 15 行：调用 write_csr_64 库函数，将中断处理函数 exception_handler 的入口地址填入例外入口地址寄存器 EENTRY。exception_handler 函数的分析详见 2.2.2 节。
- 第 16 行：调用 write_csr_32 库函数，将 ECFG 寄存器的 LIE 字段中的第 11 位设置为 1，使能定时器中断。

2.1.3 开中断

在 excp_init 函数中完成初始化工作后，如代码清单 2.1 的第 5 行所示，在 main 函数中，调用 int_on 函数使能全局中断。int_on 函数的实现详见代码清单 2.3。

代码清单 2.3　int_on 函数

```
1    #define CSR_CRMD 0x0
2    #define CSR_CRMD_IE (1UL << .2)
3
4    void int_on()
5    {
6            unsigned int crmd;
7
8            crmd = read_csr_32(CSR_CRMD);
9            write_csr_32(crmd | CSR_CRMD_IE, CSR_CRMD);
10   }
```

下面对代码清单 2.3 进行说明。

- 第 8 行：调用 read_csr_32 库函数读取 CRMD 寄存器的值。
- 第 9 行：CRMD 寄存器的部分字段如图 C.1 所示，其中，IE 字段用于使能全局中断。因此，将 IE 字段设置为 1（CSR_CRMD_IE）后，调用 write_csr_32 库函数，写回 CRMD 寄存器，从而使能全局中断。

2.2 时钟中断的处理过程

当时钟中断初始化完成后，每隔固定的时间，定时器会产生一次时钟中断。在本节中，以每隔 1 秒在显示器上显示字符串"hello, world."为例，详细介绍 MaQueOS 在收到时钟中断后的处理过程。

2.2.1 中断硬件

在定时器配置和使能完成，并使能定时器局部中断和全局中断后，定时器根据设定的初始值进行自减，当自减为 0 时，硬件将 ESTAT 寄存器中 IS 字段的第 11 位（定时器中断位）设置为 1。ESTAT 寄存器的部分字段如图 C.4 所示，该寄存器用于记录例外⊖的状态信息。

⊖ 在 LoongArch 架构中，中断是一种特殊的例外。

其中，IS 字段中的 13 个位用于记录 LoongArch 架构支持的 13 个中断的状态，若某个中断对应的位被硬件设置为 1，则表示产生了该中断。当定时器产生中断，硬件将 ESTAT 寄存器的 IS 字段中的第 11 位设置为 1 后，若 ECFG 寄存器的 LIE 字段中的第 11 位为 1，且 CRMD 寄存器中的 IE 字段同时为 1，则硬件会进行如下操作：

1）首先将 CRMD 寄存器中的 IE 字段保存在 PRMD 寄存器的 PIE 字段中，并将 CRMD 寄存器中的 IE 字段设置为 0，表示禁止中断。然后，将 CRMD 寄存器的 PLV 字段保存在 PRMD 寄存器的 PPLV 字段中，并将 CRMD 寄存器中的 PLV 字段设置为 0，PLV 字段的详细介绍参见第 3 章。PRMD 寄存器的部分字段如图 C.2 所示，如前所述，该寄存器在中断产生时，用于保存 CRMD 寄存器中的 IE 和 PLV 字段；在中断返回时，将这 2 个字段的值恢复到 CRMD 寄存器中。

2）将产生中断时下一条运行指令的地址保存到 ERA 寄存器中。当时钟中断初始化完成，并开启系统中断后，系统进入死循环（详见代码清单 2.1 的第 7~8 行），等待时钟中断产生。当时钟中断产生后，ERA 寄存器中保存的是死循环中的指令的地址。

3）跳转到 EENTRY 寄存器中存放的中断处理函数 exception_handler 的入口地址处，具体存放过程详见代码清单 2.2 的第 15 行。

2.2.2 中断现场保存与恢复

进入中断处理函数 exception_handler 后，首先进行中断现场的保存与恢复的操作，exception_handler 函数的实现详见代码清单 2.4。

代码清单 2.4　exception_handler 函数（第 1 版）

```
1    .macro store_load_regs cmd
2            \cmd $ra, $sp, 0x0
3            \cmd $tp, $sp, 0x8
4            \cmd $a0, $sp, 0x10
5            \cmd $a1, $sp, 0x18
6            \cmd $a2, $sp, 0x20
7            \cmd $a3, $sp, 0x28
8            \cmd $a4, $sp, 0x30
9            \cmd $a5, $sp, 0x38
10           \cmd $a6, $sp, 0x40
11           \cmd $a7, $sp, 0x48
12           \cmd $t0, $sp, 0x50
13           \cmd $t1, $sp, 0x58
14           \cmd $t2, $sp, 0x60
15           \cmd $t3, $sp, 0x68
16           \cmd $t4, $sp, 0x70
17           \cmd $t5, $sp, 0x78
18           \cmd $t6, $sp, 0x80
19           \cmd $t7, $sp, 0x88
20           \cmd $t8, $sp, 0x90
21           \cmd $r21, $sp, 0x98
22           \cmd $fp, $sp, 0xa0
23           \cmd $s0, $sp, 0xa8
24           \cmd $s1, $sp, 0xb0
25           \cmd $s2, $sp, 0xb8
26           \cmd $s3, $sp, 0xc0
```

```
27              \cmd $s4, $sp, 0xc8
28              \cmd $s5, $sp, 0xd0
29              \cmd $s6, $sp, 0xd8
30              \cmd $s7, $sp, 0xe0
31              \cmd $s8, $sp, 0xe8
32   .endm
33
34              .globl exception_handler
35   exception_handler:
36              addi.d $sp, $sp, -0xf0
37              store_load_regs st.d
38              bl do_exception
39              store_load_regs ld.d
40              addi.d $sp, $sp, 0xf0
41              ertn
```

下面对代码清单 2.4 进行说明。

- **第 36 行**：使用 addi.d 汇编指令⊖，将 sp 寄存器的值减去 0xf0，即在内核初始化栈上预留 0xf0 字节大小的空间，用于保存中断现场。sp 寄存器的初始化在 _start 函数中完成，start 函数的实现详见代码清单 2.5。
- **第 37 行**：LoongArch 架构中共有 32 个通用寄存器，中断现场由除 r0 和 sp 寄存器之外的 30 个寄存器的值组成。为了提升代码的简洁度，将 30 个寄存器的保存与恢复定义为 store_load_regs 宏（定义详见第 1～32 行）。通过调用 store_load_regs 宏，将 30 个寄存器组成的中断现场保存到上一行预留的内核初始化栈上。
- **第 38 行**：中断现场保存结束后，调用 do_exception 函数进行中断处理，处理过程详见 2.2.3 节。
- **第 39 行**：中断处理结束后，调用 store_load_regs 宏，将在第 37 行保存到内核初始化栈上的中断现场恢复到 30 个对应的寄存器中。
- **第 40 行**：中断现场恢复后，将预留的内核初始化栈中的空间释放。
- **第 41 行**：使用 ertn 汇编指令进行中断返回，返回过程详见 2.2.4 节。

代码清单 2.5　start 函数（第 1 版）

```
1              .global _start
2   _start:
3              la $sp, kernel_init_stack
4              b main
5
6              .fill 4096,1,0
7   kernel_init_stack:
```

下面对代码清单 2.5 进行说明。

- **第 3 行**：使用 la 汇编指令，将第 6～7 行申请的内核初始化栈的栈顶地址赋值给 sp 寄存器。
- **第 4 行**：设置好内核初始化栈后，进入 main 函数运行。
- **第 6～7 行**：为内核初始化栈申请 4KB 地址空间，kernel_init_stack 变量指向栈顶位置。

⊖　本书中涉及的 LoongArch 架构的汇编指令的用法详见附录 B。

2.2.3　中断处理

保存好中断现场后,调用 do_exception 函数对中断进行处理,do_exception 函数的实现详见代码清单 2.6。do_exception 函数通过判断中断的类型,调用相应的中断处理程序进行中断处理。

代码清单 2.6　do_exception 函数(第 1 版)

```
1    #define CSR_ESTAT 0x5
2    #define CSR_TICLR 0x44
3    #define CSR_ESTAT_IS_TI (1UL << 11)
4    #define CSR_TICLR_CLR (1UL << 0)
5
6    void do_exception()
7    {
8            unsigned int estat;
9
10           estat = read_csr_32(CSR_ESTAT);
11           if (estat & CSR_ESTAT_IS_TI)
12           {
13                   timer_interrupt();
14                   write_csr_32(CSR_TICLR_CLR, CSR_TICLR);
15           }
16   }
```

下面对代码清单 2.6 进行说明。

- 第 10 行:调用 read_csr_32 库函数,读取 ESTAT 寄存器的值。
- 第 11～15 行:如 2.2.1 节所述,通过查看 ESTAT 寄存器中 IS 字段的第 11 位是否为 1,来判断该中断是否为定时器中断,若是,则调用 timer_interrupt 函数处理时钟中断(见第 13 行)。timer_interrupt 函数的实现详见代码清单 2.7。在第 14 行中,通过向 TICLR 寄存器的 CLR 字段写 1(CSR_TICLR_CLR),清除定时器中断标记。CLR 字段在 TICLR 寄存器中的位置如图 C.6 所示。

代码清单 2.7　timer_interrupt 函数(第 1 版)

```
1    void timer_interrupt()
2    {
3            printk("hello, world.\n");
4    }
```

在第 3 行中,调用 printk 函数,实现在显示器上显示"hello, world."字符串。

2.2.4　中断返回

当 timer_interrupt 函数完成时钟中断处理之后,会返回到 exception_handler 函数中的调用中断处理函数 do_exception 的指令的下一条指令,即代码清单 2.4 中第 39 行的代码。如代码清单 2.4 的第 39～41 行所示,将中断现场恢复后,使用 ertn 汇编指令进行中断返回。硬件会进行如下操作:

1)将 PRMD 寄存器中的 PPLV 和 PIE 字段的值分别恢复到 CRMD 寄存器的 PLV 和 IE 字段中。

2）将 ERA 寄存器中保存的代码清单 2.1 的第 7～8 行死循环中指令的地址加载到 PC 寄存器⊖中，因此，时钟中断处理结束后，系统继续回到死循环状态，等待一次时钟中断产生。

之后，定时器每隔 1 秒会产生一次时钟中断信号，在显示器上显示字符串"hello, world."。

2.3　本章任务

1. （飞机大战）利用时钟中断，移动飞机。

2. 通过重新配置定时器，改变飞机移动速度。

3. 关闭定时器的循环模式，使飞机的移动速度越来越慢。

4. 利用时钟中断，实现光标闪烁的功能。

⊖　PC 寄存器存放下一条运行指令的地址。

第3章 键盘驱动

本章首先介绍 MaQueOS 的物理内存管理机制，包括物理内存的初始化、申请和释放。因为 CPU 访问的指令和数据存放在物理内存中，但是 CPU 使用的是虚拟地址，所以，最终需要利用硬件将虚拟地址转换为物理地址。LoongArch 架构支持两种将虚拟地址转换为物理地址的模式，本章在物理内存初始化过程中设置了 MaQueOS 在内核态下使用的虚拟地址到物理地址的地址转换模式。对于物理内存的申请和释放，MaQueOS 实现了两个接口函数：get_page 函数和 free_page 函数，其中 get_page 函数用于申请一个空闲物理页，free_page 函数用于释放一个物理页。本章还会介绍为龙芯 3A 处理器提供南北桥功能的龙芯 7A 桥片，并重点描述 3A 处理器和 7A 桥片中与中断有关的控制器的功能。在此基础上，基于第 2 章中的中断内容，实现键盘驱动程序。为了验证 MaQueOS 的键盘驱动功能的正确性，在本章实验 code3 的键盘中断处理程序中，实现了当按下 <a> 键后，申请一页空闲物理页，并在显示器上显示该物理页的起始地址；当按下 <s> 键后，释放一页空闲物理页，并在显示器上显示该物理页的起始地址。

3.1 物理内存管理

物理内存（Physical Memory）是计算机上重要的硬件资源之一，用于在计算机运行过程中存储代码和数据。MaQueOS 支持对 128MB 物理内存进行申请和释放。内核的二进制可执行代码被加载到 0x200000 地址处。

处理器中的内存管理单元（Memory Management Unit，MMU）将 CPU 访问的虚拟地址转换为物理地址。LoongArch 架构中的 MMU 支持两种地址转换模式：直接地址翻译模式和映射地址翻译模式。其中，映射地址翻译模式又包括直接映射地址翻译模式（以下简称直接映射）和页表映射地址翻译模式（以下简称页表映射）。当 MMU 处于映射地址翻译模式时，会优先选择直接映射，若无法进行直接映射，则选择页表映射。

MaQueOS 采用映射地址翻译模式进行虚拟地址到物理地址的转换。在内核态下采用直接映射，即虚拟地址与物理地址是一一映射关系；在用户态下采用页表映射[⊖]。在 LoongArch 架构中，有 4 个特权级，分别是 PLV0～PLV3。MaQueOS 只使用了特权级 PLV0 和 PLV3，其中，内核态运行在特权级 PLV0 上，用户态运行在特权级 PLV3 上。LoongArch 架构提供了 4 个用于为不同特权级配置直接映射的寄存器 DMW0～DMW3。如前所述，因为只有在内核态下采用直接映射，所以 MaQueOS 通过使用 DMW0 寄存器将内核态下使用的地址转换模式设置为直接映射。

⊖ 页表映射在第 4 章中进行详细介绍。

3.1.1　初始化

内存初始化由 mem_init 函数实现，mem_init 函数在 main 函数中被调用，main 函数（第 3 版）的实现详见代码清单 3.1。

代码清单 3.1　main 函数（第 3 版）

```
1     void main()
2     {
3     (+)      mem_init();
4              con_init();
5              excp_init();
6              int_on();
7              while (1)
8                        ;
9     }
```

在**第 3 行**中，本章实验 code3 中的 main 函数的第 3 版在第 2 版的基础上，通过调用 mem_init 函数，对内存进行初始化（mem_init 函数的实现详见代码清单 3.2）。

代码清单 3.2　mem_init 函数（第 1 版）

```
1     #define MEMORY_SIZE 0x8000000
2     #define NR_PAGE (MEMORY_SIZE >> 12)
3     #define KERNEL_START_PAGE (0x200000UL >> 12)
4     #define KERNEL_END_PAGE (0x300000UL >> 12)
5     #define CSR_DMW0_PLV0 (1UL << 0)
6     #define DMW_MASK 0x9000000000000000UL
7     #define CSR_DMW0 0x180
8     char mem_map[NR_PAGE];
9
10    void mem_init()
11    {
12             int i;
13
14             for (i = 0; i < NR_PAGE; i++)
15             {
16                     if (i >= KERNEL_START_PAGE && i < KERNEL_END_PAGE)
17                             mem_map[i] = 1;
18                     else
19                             mem_map[i] = 0;
20             }
21             write_csr_64(CSR_DMW0_PLV0 | DMW_MASK, CSR_DMW0);
22    }
```

- **第 14～20 行**：物理内存以页为单位进行申请和释放，页的大小为 4KB。因此，128MB 的物理内存总共可以划分为 128MB÷4KB=32 768 个物理页（NR_PAGE）。MaQueOS 使用一个 char 型数组 mem_map 记录所有 32 768 个物理内存页的状态。若 mem_map 数组中某项的值为 0，则表示该项对应的物理页空闲；若值为 1，则表示该项对应的物理页被占用。每个物理页都有一个编号（以下简称页号），如图 3.1 所示，物理页的页号从左往右依次为 0～32 767，并且物理页的页号是该物理页在 mem_map 数组中对应项的索引。在**第 16～17 行**中，由于 MaQueOS 将物理地址空间 0x200000～0x300000 预留给内核的二进制可执行代码，因此需要将 mem_map 数组中对应的项设置为 1，表示已被占用。在**第 18～19 行**中，除内核的二进制可执行代码占用的物理页外，需要将其他物理页在 mem_map 数组中的对应项设置为 0，表示这些物理页都处于空闲状态。

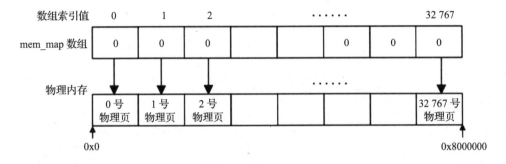

图 3.1　mem_map 数组与物理页的对应关系

- **第 21 行**：调用 write_csr_64 库函数将 DMW0 寄存器的值设置为 0x9000000000000001，从而将内核态下使用的虚拟地址到物理地址的地址转换模式配置为直接映射。如图 C.7 所示，将 PLV0 字段设置为 1，表示将特权级 PLV0 配置为直接映射；将 VSEG 字段设置为 9，表示将直接映射窗口的虚拟地址的 [63:60] 位设置为 9。这样，内核态下的虚拟地址空间 0x9000000000000000～0x9000FFFFFFFFFFFF 和物理地址空间 0x0～0xFFFFFFFFFFFF 就建立了一一映射。例如，在内核态下，CPU 访问虚拟地址 0x9000000000200000 时，MMU 将该虚拟地址转换为物理地址 0x200000。由于 BIOS 将内核的二进制可执行代码加载到物理地址 0x200000 后，将 PC 寄存器的值设置为 0x200000。因此，在直接映射模式下，需要将 PC 寄存器的值修改为 0x9000000000200000。PC 寄存器的修改在 _start 函数中完成，_start 函数（第 2 版）的实现详见代码清单 3.3。

代码清单 3.3　_start 函数（第 2 版）

```
 1          .global _start
 2  _start:
 3  (+)     la $t0, go
 4  (+)     jirl $r0, $t0, 0
 5  (+)go:
 6          la $sp, kernel_init_stack
 7          b main
 8
 9          .fill 4096,1,0
10  kernel_init_stack:
```

在**第 3～5 行**，本章实验 code3 中的 _start 函数的第 2 版在第 1 版的基础上增加了修改 PC 寄存器的操作。具体地，将 PC 寄存器的值的 [63:60] 位设置为 9。

3.1.2　申请

mem_map 数组的初始化完成后，通过调用 get_page 函数，可以申请到一个空闲物理页。get_page 函数的实现详见代码清单 3.4。

代码清单 3.4　get_page 函数

```
1    #define MEMORY_SIZE 0x8000000
2    #define NR_PAGE (MEMORY_SIZE >> 12)
3    #define PAGE_SIZE 4096
4    #define DMW_MASK 0x9000000000000000UL
5
6    unsigned long get_page()
7    {
8                    unsigned long page;
9                    unsigned long i;
10
11           for (i = NR_PAGE - 1; i >= 0; i--)
12           {
13               if (mem_map[i] != 0)
14                       continue;
15               mem_map[i] = 1;
16                page = (i << 12) | DMW_MASK;
17                 set_mem((char *)page, 0, PAGE_SIZE);
18                  return page;
19           }
20                    panic("panic: out of memory!\n");
21                    return 0;
22   }
```

- **第 11~19 行**：从最后一项开始，遍历 mem_map 数组。
- **第 13~14 行**：若 mem_map 数组中项的值不为 0，则表示该项对应的物理页已被占用，继续遍历 mem_map 数组。
- **第 15 行**：若 mem_map 数组中项的值为 0，则表示该项对应的物理页空闲。将该项的值置为 1，表示该项对应的物理页被占用。
- **第 16 行**：利用 mem_map 数组的索引 i，计算空闲物理页在内核态下的起始虚拟地址。以 0x1000 号物理页为例，具体计算步骤如下：

　　①计算物理页的起始物理地址。将物理页在 mem_map 数组中对应项的索引作为该物理页的页号，左移 12 位，可以得到该物理页的起始物理地址。因此，0x1000 号物理页的起始物理地址为 0x1000000。

　　②计算物理页在内核态下的起始虚拟地址。通过将物理页的起始物理地址的 [63:60] 位设置为 9，可以得到该物理页在内核态下的起始虚拟地址。因此，0x1000 号物理页在内核态下的起始虚拟地址为 0x9000000001000000。
- **第 17~18 行**：调用 set_mem 库函数，将申请到的空闲物理页中的 4096 个字节清 0 后，返回该空闲物理页在内核态下的起始虚拟地址。
- **第 20~21 行**：若遍历完 mem_map 数组后，仍然没有找到空闲物理页，则直接执行 panic 操作。

3.1.3　释放

通过调用 free_page 函数，释放申请到的物理页。free_page 函数的实现详见代码清单 3.5。

代码清单 3.5　free_page 函数

```
1    #define DMW_MASK 0x9000000000000000UL
2
3    void free_page(unsigned long page)
4    {
5                    unsigned long i;
6
7                    i = (page & ~DMW_MASK) >> 12;
8                    if (!mem_map[i])
9                            panic("panic: try to free free page!\n");
10                   mem_map[i]--;
11   }
```

- **第 7 行**：利用内核态下的起始虚拟地址，计算待释放物理页在 mem_map 数组中对应项的索引。以在内核态下的起始虚拟地址为 0x9000000001000000 的物理页为例，具体计算步骤如下：

  ①计算物理页的起始物理地址。通过将物理页在内核态下的起始虚拟地址的 [63:60] 位设置为 0，可以得到该物理页的起始物理地址。因此，该物理页的起始物理地址为 0x1000000。

  ②计算 mem_map 数组的索引。通过将物理页的起始物理地址右移 12 位，可以得到该物理页的页号，即该物理页在 mem_map 数组中对应项的索引。因此，该物理页在 mem_map 数组中对应项的索引为 0x1000。

- **第 8~9 行**：若待释放物理页在 mem_map 数组中对应的项的值为 0，说明正在释放一个空闲物理页，则直接执行 panic 操作。

- **第 10 行**：若待释放物理页在 mem_map 数组中对应的项的值不为 0，则将该项的值减 1，表示该物理页被释放。

3.2　初始化键盘中断

龙芯 7A 桥片为龙芯 3A 处理器提供南北桥功能，7A 桥片内部集成的中断控制器用于接收外部中断信号，并将中断信号转发给 3A 处理器。

MaQueOS 采用的中断传输模式是 HT 消息中断模式。当 7A 桥片中的中断控制器接收到来自外部的中断信号后，以 HT 消息包的形式通过 HT 总线，将中断信号转发给 3A 处理器的 HT 控制器。3A 处理器中的扩展 I/O 中断控制器接收到 HT 控制器发送的 HT 中断后，将中断信号发送给处理器核，如图 3.2 所示。

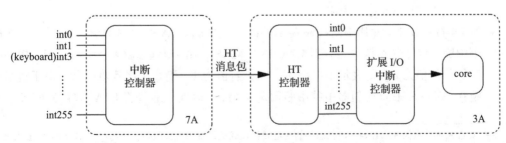

图 3.2　键盘中断信号传递过程

MaQueOS 在使用键盘前，需要调用 excp_init 函数进行键盘中断初始化的操作，excp_init 函数（第 2 版）的实现详见代码清单 3.6。初始化过程主要包括以下步骤：

1）在 7A 桥片中断控制器中使能键盘中断。

2）为键盘中断建立从 7A 桥片中断控制器的中断向量号到 3A 处理器的 HT 中断向量号的映射。

3）在 3A 处理器扩展 I/O 中断控制器中使能键盘中断。

4）在 3A 处理器核内使能键盘中断。

代码清单 3.6　excp_init 函数（第 2 版）

```
1    #define DMW_MASK 0x9000000000000000UL
2    #define CSR_TCFG_EN (1UL << 0)
3    #define CSR_TCFG_PER (1UL << 1)
4    #define CSR_TCFG 0x41
5    #define CSR_EENTRY 0xc
6    #define CSR_ECFG_LIE_TI (1UL << 11)
7    #define CSR_ECFG 0x4
8    #define CSR_ECFG_LIE_HWI0 (1UL << 2)
9    #define L7A_SPACE_BASE (0x10000000UL | DMW_MASK)
10   #define L7A_INT_MASK (L7A_SPACE_BASE + 0x020)
11   #define L7A_HTMSI_VEC (L7A_SPACE_BASE + 0x200)
12   #define KEYBOARD_IRQ 3
13   #define KEYBOARD_IRQ_HT 0
14   #define IOCSR_EXT_IOI_EN 0x1600
15   #define CC_FREQ 4
16
17   void excp_init()
18   {
19           unsigned int val;
20
21           val = read_cpucfg(CC_FREQ);
22           write_csr_64((unsigned long)val|CSR_TCFG_EN|CSR_TCFG_PER, CSR_TCFG);
23           write_csr_64((unsigned long)exception_handler, CSR_EENTRY);
24   (+)     *(volatile unsigned long *)(L7A_INT_MASK) = ~(0x1UL << KEYBOARD_IRQ);
25   (+)     *(volatile unsigned char *)(L7A_HTMSI_VEC + KEYBOARD_IRQ) = KEYBOARD_
                 IRQ_HT;
26   (+)     write_iocsr(0x1UL << KEYBOARD_IRQ_HT, IOCSR_EXT_IOI_EN);
27   (+)     write_csr_32(CSR_ECFG_LIE_TI | CSR_ECFG_LIE_HWI0, CSR_ECFG);
28   (-)     write_csr_32(CSR_ECFG_LIE_TI, CSR_ECFG);
29   }
```

下面对代码清单 3.6 进行说明。

- **第 24 行**：在 7A 桥片中断控制器中使能键盘中断。7A 桥片的中断控制器共支持 64 个中断，64 位 7A 桥片寄存器 L7A_INT_MASK[⊖]用于屏蔽这 64 个中断。若某中断对应的位的值为 0，则表示不屏蔽该中断；若值为 1，则表示屏蔽该中断。由于键盘中断在 7A 桥片中断控制器中的中断向量号为 3，因此，通过将 L7A_INT_MASK 寄存

⊖　如前所述，从第 3 章开始，内核态下的地址转换模式被设置为直接映射，因此 CPU 在访问 7A 桥片等寄存器时，使用的是寄存器在内核态下的虚拟地址，而不是物理地址。例如，访问 L7A_INT_MASK 寄存器时，使用该寄存器在内核态下的虚拟地址 0x9000000010000000，而不是物理地址 0x10000000。

器的第 3 位设置为 0，可以取消对键盘中断的屏蔽。

- **第 25 行**：为键盘中断建立从 7A 桥片中断控制器的中断向量号到 3A 处理器 HT 的中断向量号的映射。7A 桥片寄存器 L7A_HTMSI_VEC 用于建立从 7A 桥片中断控制器的中断向量号到 HT 中断向量号的映射。在 MaQueOS 中，将键盘中断映射到 0 号 HT 中断向量。因此，如图 3.2 所示，当 7A 桥片的中断控制器接收到中断向量号为 3（图中的 int3）的键盘中断后，将其映射到 0 号 HT 中断向量（图中的 int0）后，向 3A 处理器的 HT 控制器发送 HT 消息包。

- **第 26 行**：在 3A 处理器扩展 I/O 中断控制器中使能键盘中断。3A 处理器扩展 I/O 中断控制器共支持 256 个 HT 中断，256 位 3A 处理器寄存器 IOCSR_EXT_IOI_EN 用于使能这 256 个 HT 中断。若某中断对应的位的值为 1，则表示使能该中断；若值为 0，则表示屏蔽该中断。因为在上一行中已将键盘中断映射到 0 号 HT 中断向量，所以通过调用 write_iocsr 库函数，将 IOCSR_EXT_IOI_EN 寄存器中键盘中断对应的位 0 设置为 1，实现在 3A 处理器的扩展 I/O 中断控制器中使能键盘中断。

- **第 27～28 行**：本章实验 code3 中的 excp_init 函数的第 2 版在第 1 版的基础上增加了对硬中断 HWI0 的使能。在默认情况下，键盘中断被路由到硬中断 HWI0，因此，类似使能时钟中断的过程，通过将 ECFG 寄存器的 LIE 字段中的 HWI0 位设置为 1 来使能 3A 处理器核内的键盘中断。

3.3 键盘中断的处理过程

本节以按下按键 〈a〉 为例分析键盘中断处理的整体流程。当在键盘上按下按键 〈a〉 后，7A 桥片中断控制器接收到向量号为 3 的键盘中断信号。与此同时，按键 〈a〉 的扫描码 0x1c 被存放到 7A 桥片寄存器 L7A_I8042_DATA 中。之后，7A 桥片中断控制器通过 HT 总线，向 3A 处理器的 HT 控制器发送 HT 消息包。3A 处理器中的扩展 I/O 中断控制器接收到 HT 控制器发送的中断向量号为 0 的 HT 中断信号后，将该中断信号转发给处理器核。

此时，ESTAT 寄存器的 IS 字段中的 HWI0 位被设置为 1，并且 ECFG 寄存器的 LIE 字段中的 HWI0 位在键盘中断初始化过程中被设置为 1（设置过程详见代码清单 3.6 的第 27 行），CRMD 寄存器中的 IE 字段被设置为 1（在 main 函数中调用 int_on 函数实现）。因此，处理器将 CRMD 寄存器中的 IE 和 PLV 字段保存到 PRMD 寄存器后，将 IE 字段设置为 0（关中断）。处理器将中断返回地址保存到 ERA 寄存器后，跳转到 EENTRY 寄存器中存放的中断处理函数 exception_handler 的入口地址处。exception_handler 函数将中断现场保存到内核初始化栈后，调用 do_exception 函数进行中断处理，do_exception 函数（第 2 版）的实现详见代码清单 3.7。

代码清单 3.7　do_exception 函数（第 2 版）

```
1    #define CSR_ESTAT 0x5
2    #define CSR_ESTAT_IS_TI (1UL << 11)
3    #define CSR_TICLR_CLR (1UL << 0)
4    #define CSR_TICLR 0x44
5    #define CSR_ESTAT_IS_HWI0 (1UL << 2)
6    #define KEYBOARD_IRQ_HT 0
7    #define IOCSR_EXT_IOI_SR 0x1800
```

```
8
9    void do_exception()
10   {
11            unsigned int estat;
12   (+)      unsigned long irq;
13
14            estat = read_csr_32(CSR_ESTAT);
15            if (estat & CSR_ESTAT_IS_TI)
16            {
17                    timer_interrupt();
18                    write_csr_32(CSR_TICLR_CLR, CSR_TICLR);
19            }
20   (+)      if (estat & CSR_ESTAT_IS_HWI0)
21   (+)      {
22   (+)          irq = read_iocsr(IOCSR_EXT_IOI_SR);
23   (+)          if (irq & (1UL << KEYBOARD_IRQ_HT))
24   (+)          {
25   (+)              keyboard_interrupt();
26   (+)              write_iocsr(1UL << KEYBOARD_IRQ_HT,
                          IOCSR_EXT_IOI_SR);
27   (+)          }
28   (+)      }
29   }
```

下面对代码清单 3.7 进行说明。

- 第 20～28 行：本章实验 code3 中的 do_exception 函数的第 2 版在第 1 版的基础上增加了对键盘中断的处理。

- 第 22 行：获取扩展 IO 中断状态寄存器 IOCSR_EXT_IOI_SR 的值。如前所述，3A 处理器的扩展 I/O 中断控制器共支持 256 个 HT 中断。256 位 3A 处理器寄存器 IOCSR_EXT_IOI_SR 用于记录 256 个 HT 中断的状态。此时，因为键盘中断的 HT 中断向量号为 0，所以 IOCSR_EXT_IOI_SR 寄存器中位 0 的值为 1，表示产生了键盘中断。

- 第 23～27 行：对键盘中断进行处理。第 25 行表示调用 keyboard_interrupt 函数处理键盘中断，keyboard_interrupt 函数的实现详见代码清单 3.8。在第 26 行中，IOCSR_EXT_IOI_SR 寄存器除了用于记录中断状态，也可以通过写该寄存器来清除中断标记。因此，通过调用 write_iocsr 库函数，向 IOCSR_EXT_IOI_SR 寄存器的第 0 位写 1，从而清除键盘中断标记。

代码清单 3.8 keyboard_interrupt 函数（第 1 版）

```
1    #define DMW_MASK 0x9000000000000000UL
2    #define L7A_I8042_DATA (0x1fe00060UL | DMW_MASK)
3
4    void keyboard_interrupt()
5    {
6            unsigned char c;
7
8            c = *(volatile unsigned char *)L7A_I8042_DATA;
9            if (c == 0xf0)
10           {
```

```
11                         c = *(volatile unsigned char *)L7A_I8042_DATA;
12                         return;
13                 }
14             do_keyboard(c);
15     }
```

下面对代码清单 3.8 进行说明。

- **第 8 行**：从 7A 桥片寄存器 L7A_I8042_DATA 中读取键盘扫描码。
- **第 9~13 行**：当按下和松开键盘按键时，都会产生键盘中断。当按下按键后，只需进行 1 次 L7A_I8042_DATA 寄存器读操作，并且读到的内容为该按键的扫描码；松开按键时，需要进行 2 次读操作，第 1 次读到的值为 0xf0，第 2 次读到的内容为该按键的扫描码。MaQueOS 只对按下键盘按键的中断进行处理。若从 L7A_I8042_DATA 寄存器中读取的值为 0xf0，则说明是松开按键产生的键盘中断。因此，在**第 11 行**中，从 L7A_I8042_DATA 寄存器中读取按键的扫描码后，不进行处理，直接返回。
- **第 14 行**：调用 do_keyboard 函数，对按键的扫描码进行处理。do_keyboard 函数的实现详见代码清单 3.9。

代码清单 3.9　do_keyboard 函数

```
1    char keys_map[] = {
2          0, 0, 0, 0, 0, 0, 0, 0, 0, 0, 0, 0, 0, 0, '`', 0,
3          0, 0, 0, 0, 0, 'q', '1', 0, 0, 0, 'z', 's', 'a', 'w', '2', 0,
4          0, 'c', 'x', 'd', 'e', '4', '3', 0, 0, 32, 'v', 'f', 't', 'r', '5', 0,
5          0, 'n', 'b', 'h', 'g', 'y', '6', 0, 0, 0, 'm', 'j', 'u', '7', '8', 0,
6          0, ',', 'k', 'i', 'o', '0', '9', 0, 0, '.', '/', 'l', ';', 'p', '-', 0,
7          0, 0, '\'', 0, '[', '=', 0, 0, 0, 13, ']', 0, '\\', 0, 0,
8          0, 0, 0, 0, 0, 0, 127, 0, 0, 0, 0, 0, 0, 0, '`', 0};
9
10   void do_keyboard(unsigned char c)
11   {
12           static unsigned long stack[10];
13           static int index = 0;
14
15           c = keys_map[c];
16           if (c == 'a' && index < 10)
17           {
18                   stack[index] = get_page();
19                   print_debug(" get a page: ", stack[index]);
20                   index++;
21           }
22           else if (c == 's' && index > 0)
23           {
24                   index--;
25                   free_page(stack[index]);
26                   print_debug("free a page: ", stack[index]);
27           }
28   }
```

下面对代码清单 3.9 进行说明。

- 第 15 行：用按键的扫描码作为 keys_map 数组的索引，获取按键的 ASCII 值。keys_map 数组的定义在第 1～8 行中。因为按键⟨a⟩的扫描码为 0x1c，所以获取到的按键⟨a⟩的 ASCII 值保存在 keys_map[28] 中。
- 第 16～21 行：若按下的按键为⟨a⟩，且 stack 数组未满，则在第 18 行中调用 get_page 函数申请一页空闲物理页，并将其保存至 stack 数组中。在第 19 行中，调用 print_debug 显示该空闲物理页的起始地址，print_debug 函数的实现详见代码清单 3.10。在第 20 行中，索引号 index 加 1，指向 stack 数组的下一个空闲项。
- 第 22～27 行：若按下的按键为⟨s⟩，且 stack 数组不为空，则在第 24 行中，索引号 index 减 1，指向 stack 数组的上一个保存物理页的项。在第 25 行中，调用 free_page 函数释放该物理页。在第 26 行中，调用 print_debug 显示被释放的物理页的起始地址。

代码清单 3.10　print_debug 函数

```
1   char digits_map[] = "0123456789abcdef";
2
3   void print_debug(char *str, unsigned long val)
4   {
5           int i, j;
6           char buffer[20];
7
8           printk(str);
9           buffer[0] = '0';
10          buffer[1] = 'x';
11          for (j = 0, i = 17; j < 16; j++, i--)
12          {
13                  buffer[i] = (digits_map[val & 0xfUL]);
14                  val >>= 4;
15          }
16          buffer[18] = '\n';
17          buffer[19] = '\0';
18          printk(buffer);
19  }
```

下面对代码清单 3.10 进行说明。

- 第 8 行：调用 printk 函数，显示参数中的字符串 str。
- 第 9～17 行：将参数中的变量 val 的值转化为十六进制。其中，在第 11～15 行中，以 4 比特为单位，循环遍历 val 的值，将利用 digits_map 数组转化为十六进制的 val 的值保存到 buffer 数组中。
- 第 18 行：调用 printk 函数，显示完成转化后的十六进制的 val 的值。

3.4　本章任务

1. 通过修改键盘驱动程序，支持大写字母的输入。将本章实验 code3 的 do_keyboard 函数中对小写字母"a"的判断，替换为大写字母"A"。

2. 支持光标在显示器上上下左右移动。

3. 通过修改显示器驱动，支持字符插入功能。例如，在显示器上显示的"hello"字符串中插入字符"e"，将原来的字符串变为"heello"。

4. 优化物理页分配算法，并测试优化后的分配时间比优化前减少了多少。提示：定义 1 个用于记录系统运行时间的全局变量 jiffies，每次产生时钟中断后，在时钟中断处理函数 timer_interrupt 中，将 jiffies 变量的值加 1。

5. （飞机大战）利用键盘中断，移动飞机。当按下 <a> 键后，飞机向左移动；当按下 <s> 键后，飞机向右移动。

第 4 章　进程 0 的创建与运行

本章首先介绍 MaQueOS 使用的虚拟内存管理机制，重点描述 MaQueOS 使用的基于二级页表结构的页表映射。然后，以将虚拟地址 0x12345678 转换为物理地址 0x5678 为例，详细介绍 MMU 利用二级页表结构进行地址转换的过程，接着在虚拟内存初始化过程中设置 MaQueOS 在用户态下使用的虚拟地址到物理地址的地址转换模式。之后，通过例子详细介绍如何在二级页表结构中，建立虚拟页和物理页之间的映射关系。在介绍完虚拟内存管理机制后，描述用于进程管理的数据结构（进程描述符）、进程 0 的创建过程，以及从内核态进入用户态运行进程 0 的可执行代码的过程。在 LoongArch 架构中，用于缓存虚拟地址到物理地址的映射的 TLB 的填充工作需要由操作系统完成，因此本章中还介绍了 TLB 重填例外的处理过程。为了验证 MaQueOS 对用户态产生的时钟中断的处理的正确性，本章实验 code4 在进程 0 的用户态下，每隔固定的时间产生一次时钟中断，从而使进程 0 从用户态进入内核态，并且在时钟中断处理程序中，在显示器上显示字符串 "hello, world." 后，返回用户态继续等待下一次时钟中断的产生。

4.1　虚拟内存管理

在操作系统中，进程在用户态下可以访问的虚拟内存地址空间（以下简称进程地址空间）的大小由处理器的位数决定，在 64 位 LoongArch 架构上，进程地址空间最大可以达到 2^{64}B。在 MaQueOS 中，进程地址空间的范围为 0～1GB。如上一章所述，在 MaQueOS 中，在用户态下采用页表映射进行虚拟地址到物理地址的转换。

如图 4.1 所示，MaQueOS 中的页表映射使用二级页表结构。二级页表结构中的页目录（PD）、页表（PT）及物理页（PG）的大小都为 4KB。其中，页目录的起始物理地址存放在 PGDL 寄存器中，页表的起始物理地址存放在页目录项（PDE）中，物理页的起始物理地址存放在页表项（PTE）中。页目录项和页表项的大小都为 8B，因此页目录和页表中分别有 512 个页目录项和 512 个页表项。进行虚拟地址到物理地址的转换时，需要将 64 位的虚拟地址分为 3 部分：页目录项索引、页表项索引和页内偏移。其中，页目录项索引用于在页目录中定位页目录项，页表项索引用于在页表中定位页表项，页内偏移用于在物理页中定位虚拟地址转换到的物理地址。如图 4.1 所示，页目录项索引位于虚拟地址的第 21～29 位，页表项索引位于第 12～20 位，页内偏移位于第 0～11 位。

下面以将虚拟地址 0x12345678 转换为物理地址 0x5678 为例⊖，详细介绍 MMU 利用二级页表结构进行地址转换的过程。如图 4.1 所示，虚拟地址 0x12345678 的页目录项索引、页表项索引和页内偏移分别为 0x91、0x145 和 0x678。地址转换过程中涉及的页目录、页表

⊖　未考虑页表项中的属性。

和物理页的起始物理地址分别为 0x1000、0x2000 和 0x5000，这 3 个物理地址分别存放在 PGDL 寄存器、0x91 号 PDE 和 0x145 号 PTE 中。MMU 的转换过程如下：

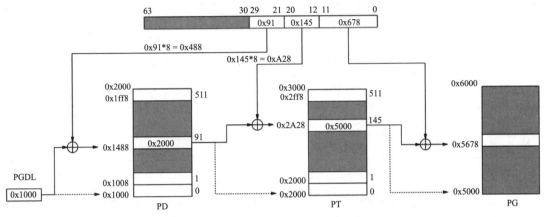

图 4.1　虚拟地址到物理地址的转化过程

1）MMU 从 PGDL 寄存器中获取页目录的起始物理地址 0x1000，将其与 0x91 号页目录项的偏移 0x488 相加，得到页目录项的物理地址 0x1488。

2）MMU 通过物理地址 0x1488 获取页目录项中页表的起始物理地址 0x2000，将其与 0x145 号页表项的偏移 0xA28 相加，得到页表项的物理地址 0x2A28。

3）MMU 通过物理地址 0x2A28 获取页表项中物理页的起始物理地址 0x5000，将其与页内偏移 0x678 相加，最终得到虚拟地址 0x12345678 对应的物理地址 0x5678。

4.1.1　初始化

在上一章中，我们对内核态下使用的直接映射进行了初始化，本章实验 code4 中的 mem_init 函数第 2 版在第 1 版的基础上增加了对用户态下使用的页表映射进行初始化的功能，mem_init 函数（第 2 版）的实现详见代码清单 4.1。

代码清单 4.1　mem_init 函数（第 2 版）

```
1    #define MEMORY_SIZE 0x8000000
2    #define NR_PAGE (MEMORY_SIZE >> 12)
3    #define CSR_DMW0_PLV0 (1UL << 0)
4    #define DMW_MASK 0x9000000000000000UL
5    #define CSR_DMW0 0x180
6    #define CSR_DMW3 0x183
7    #define CSR_PWCL 0x1c
8    #define PWCL_PTBASE 12
9    #define PWCL_PTWIDTH 9
10   #define PWCL_PDBASE 21
11   #define PWCL_PDWIDTH 9
12   #define PWCL_EWIDTH 0
13
14   void mem_init()
15   {
16           int i;
17
```

```
18              for (i = 0; i < NR_PAGE; i++)
19                {
20                    if (i >= KERNEL_START_PAGE && i < KERNEL_END_PAGE)
21                        mem_map[i] = 1;
22                    else
23                        mem_map[i] = 0;
24                }
25              write_csr_64(CSR_DMW0_PLV0 | DMW_MASK, CSR_DMW0);
26    (+)       write_csr_64(0, CSR_DMW3);
27    (+)       write_csr_64((PWCL_EWIDTH << 30) | (PWCL_PDWIDTH << 15) | (PWCL_
                    PDBASE << 10) | (PWCL_PTWIDTH << 5) | (PWCL_PTBASE << 0), CSR_
                    PWCL);
28    (+)       invalidate();
29    }
```

下面对代码清单 4.1 进行说明。

- **第 26 行**：调用 write_csr_64 库函数，将用户态对应的用于配置直接映射的 DMW3 寄存器设置为 0，表示在用户态下使用页表映射。

- **第 27 行**：如前所述，MaQueOS 使用二级页表结构进行虚拟地址到物理地址的转换。通过调用 write_csr_64 库函数写 PWCL 寄存器，实现对二级页表结构的初始化。如图 4.2 所示，将 PWCL 寄存器的 PTbase 字段设置为 12（PWCL_PTBASE），表示虚拟地址中的页表项索引从第 12 位开始；将 PWCL 寄存器的 PTwidth 字段设置为 9（PWCL_PTWIDTH），表示虚拟地址中的页表项索引的长度为 9，即页内偏移位于虚拟地址的第 0～11 位，页表项索引位于虚拟地址的第 12～20 位；将 PWCL 寄存器的 Dir1_base 字段设置为 21（PWCL_PDBASE），表示虚拟地址中的页目录项索引从第 21 位开始；将 PWCL 寄存器的 Dir1_width 字段设置为 9（PWCL_PDWIDTH），表示虚拟地址中的页目录项索引的长度为 9，即页目录项索引位于虚拟地址的第 21～29 位。因此，在 MaQueOS 中，进程地址空间大小为 $2^9 \times 2^9 \times 2^{12} = 1\text{GB}$。将 PWCL 寄存器的 PTEwidth 字段设置为 0（PWCL_EWIDTH），表示页表项的大小为 8B。

- **第 28 行**：对用户态下使用的页表映射初始化完成后，需要调用 invalidate 库函数刷新 TLB。

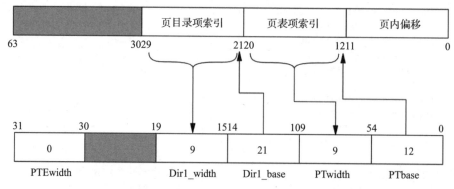

图 4.2   虚拟地址中的位和 PWCL 寄存器中字段的对应关系

4.1.2 建立页表映射

put_page 函数用于为虚拟页和物理页建立映射关系，put_page 函数的实现详见代码清单 4.2。本小节通过为虚拟地址 0x12345678 所在的虚拟页和物理地址 0x5678 所在的物理页建立映射关系，从而说明如何在二级页表结构中建立虚拟页和物理页之间的映射关系。put_page 函数的参数 p 指向访问虚拟页的进程的描述符，关于进程描述符的相关介绍详见 4.2 节。参数 u_vaddr 为虚拟页的起始虚拟地址（0x12345000）。参数 k_vaddr 为物理页在内核态下的起始虚拟地址（0x9000000000005000）。参数 attr 为虚拟页的访问属性（0xf），关于属性的相关介绍详见 4.2 节。

代码清单 4.2　put_page 函数

```
1    #define DMW_MASK 0x9000000000000000UL
2
3    void put_page(struct process *p, unsigned long u_vaddr, unsigned long k_
        vaddr, unsigned long attr)
4    {
5            unsigned long *pte;
6
7            pte = get_pte(p, u_vaddr);
8            if (*pte)
9                    panic("panic: try to remap!\n");
10           *pte = (k_vaddr & ~DMW_MASK) | attr;
11           invalidate();
12   }
```

下面对代码清单 4.2 进行说明。

- **第 7 行**：调用 get_pte 函数，如图 4.3 所示，获取虚拟页的页表项在内核态下的虚拟地址 0x9000000000002A28，get_pte 函数的实现详见代码清单 4.3。
- **第 8～9 行**：若页表项的值不为 0，表示待映射的虚拟页和物理页已建立映射，则直接执行 panic 操作。
- **第 10 行**：若没有建立映射，则如图 4.3 所示，将物理页的起始物理地址（0x5000）和虚拟页的访问属性（0xf）进行或运算后，赋值给页表项。
- **第 11 行**：因为页表项的内容发生了变化，所以需要调用 invalidate 库函数刷新 TLB。

代码清单 4.3　get_pte 函数

```
1    #define ENTRY_SIZE 8
2    #define DMW_MASK 0x9000000000000000UL
3
4    unsigned long *get_pte(struct process *p, unsigned long u_vaddr)
5    {
6            unsigned long pd, pt;
7            unsigned long *pde, *pte;
8
9            pd = p->page_directory;
10           pde = (unsigned long *)(pd + ((u_vaddr >> 21) & 0x1ff) *
                ENTRY_SIZE);
11           if (*pde)
12                   pt = *pde | DMW_MASK;
```

```
13              else
14              {
15                      pt = get_page();
16                      *pde = pt & ~DMW_MASK;
17              }
18              pte = (unsigned long *)(pt + ((u_vaddr >> 12) & 0x1ff) *
                    ENTRY_SIZE);
19              return pte;
```

下面对代码清单 4.3 进行说明。

- **第 9 行**：MaQueOS 的每个进程在创建时，都申请了一个物理页用来存放页目录，它的内核态下的起始虚拟地址存放在该进程描述符的 page_directory 字段中。此处先获取进程的页目录在内核态下的起始虚拟地址 0x9000000000001000。

- **第 10 行**：将上一行获取的页目录在内核态下的起始虚拟地址 0x9000000000001000 与待映射虚拟页对应的 0x91 号页目录项的偏移 0x488 相加，得到页目录项在内核态下的虚拟地址 0x9000000000001488。

- **第 11～12 行**：若页目录项的值不为 0，则获取虚拟页对应的页表在内核态下的起始虚拟地址。

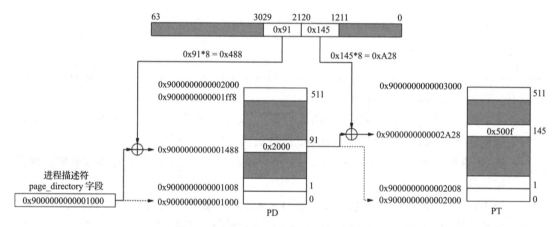

图 4.3　建立虚拟页和物理页的映射关系

- **第 13～17 行**：若页目录项的值为 0，则在**第 15 行**中，调用 get_page 函数申请一个物理页（在内核态下的起始虚拟地址为 0x9000000000002000）用来存放页表。在**第 16 行**中，如图 4.3 所示，将页表的起始物理地址（0x2000）赋值给页目录项。

- **第 18～19 行**：将页表在内核态下的起始虚拟地址 0x9000000000002000 与待映射虚拟页对应的 0x145 号页表项的偏移 0xA28 相加，最终得到页表项在内核态下的虚拟地址 0x9000000000002A28，并返回该地址。

4.2　创建进程 0

在 MaQueOS 中，每个进程都有一个进程描述符，对应的是 process 数据结构，如代码清单 4.4 所示。本章实验 code4 中的 process 数据结构有 3 个字段：pid 字段、exe_end 字段和 page_directory 字段。系统中的第 1 个进程（进程 0）由 process_init 函数进行初始化，

process_init 函数的实现详见代码清单 4.5。

代码清单 4.4 process 数据结构（第 1 版）

```
1    struct process
2    {
3        int pid;
4        unsigned long exe_end;
5        unsigned long page_directory;
6    };
```

下面对代码清单 4.4 进行说明。

- **第 3 行**：pid 字段，进程号。
- **第 4 行**：exe_end 字段，进程运行的二进制可执行代码的大小，该大小必须按 4KB 对齐。
- **第 5 行**：page_directory 字段，用于存放进程页目录在内核态下的起始虚拟地址。

代码清单 4.5 process_init 函数（第 1 版）

```
1    #define CSR_PGDL 0x19
2    #define CSR_SAVE0 0x30
3    #define NR_PROCESS 64
4    #define PAGE_SIZE 4096
5    #define PTE_V (1UL << 0)
6    #define PTE_D (1UL << 1)
7    #define PTE_PLV (3UL << 2)
8    struct process *process[NR_PROCESS];
9    struct process *current;
10   char proc0_code[] = {0x00, 0x00, 0x00, 0x50};
11
12   void process_init()
13   {
14       unsigned long page;
15       int i;
16
17       for (i = 0; i < NR_PROCESS; i++)
18           process[i] = 0;
19       process[0] = (struct process *)get_page();
20       write_csr_64((unsigned long)process[0] + PAGE_SIZE,CSR_SAVE0);
21       process[0]->page_directory = get_page();
22       write_csr_64(process[0]->page_directory & ~DMW_MASK,
             CSR_PGDL);
23       page = get_page();
24       copy_mem((void *)page, proc0_code, sizeof(proc0_code));
25       put_page(process[0], 0, page, PTE_PLV | PTE_D | PTE_V);
26       process[0]->pid = 0;
27       process[0]->exe_end = PAGE_SIZE;
28       current = process[0];
29   }
```

下面对代码清单 4.5 进行说明。

- **第 17~18 行**：MaQueOS 维护了一个进程描述符指针数组 process（具体定义详见第 8 行），process 数组用于进程管理。在某一时刻，MaQueOS 系统中最多可以运行 64

（NR_PROCESS）个进程，因此，process 数组有 64 项。遍历 process 数组，将所有项初始化为 0，表示系统中暂时没有正在运行的进程。

- **第 19 行**：调用 get_page 函数申请一个空闲物理页，如图 4.4 所示，用于存放进程 0 的进程描述符和内核栈。进程 0 在内核态下运行时，使用的栈是进程 0 的内核栈。

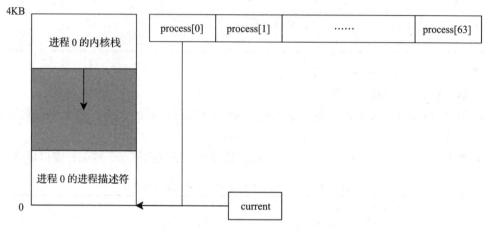

图 4.4　进程 0 的进程描述符和内核栈

- **第 20 行**：调用 write_csr_64 库函数，将进程 0 内核栈的栈顶地址保存到 SAVE0 寄存器中。此时，进程 0 的内核栈为空。

- **第 21 行**：调用 get_page 函数，申请一个空闲物理页，作为进程 0 的页目录，并将页目录在内核态下的起始虚拟地址存放到进程 0 的进程描述符的 page_directory 字段中。

- **第 22 行**：调用 write_csr_64 库函数，将页目录的起始物理地址保存到 PGDL 寄存器中。PGDL 寄存器的使用详见 4.1 节。

- **第 23～24 行**：加载进程 0 的二进制可执行代码。在**第 23 行**中，调用 get_page 函数，申请一个空闲物理页，用于存放进程 0 的二进制可执行代码。在**第 24 行**中，调用 copy_mem 函数，将进程 0 的二进制可执行代码复制到该物理页中。进程 0 运行的二进制可执行代码对应的汇编程序 proc0.S 如代码清单 4.6 所示，在编译内核前，将其编译成二进制可执行代码，并存放到 proc0_code 数组（具体定义详见第 10 行）中。

- **第 25 行**：如图 4.5 所示，调用 put_page 函数，将存放进程 0 的二进制可执行代码的物理页与进程 0 的 0 号虚拟页建立映射关系。因此，进程 0 的二进制可执行代码中的第 1 条指令的地址为 0，并将该虚拟页的访问属性设置为 0xf。如图 4.6 所示，页表项中的 PFN 字段表示页号，另外三个字段用于表示访问属性。其中，PLV 字段为 3，表示该虚拟页的特权级为 3，即在用户态下可访问。D 字段为 1，表示该虚拟页可写。V 字段为 1，表示该虚拟页已经和物理页建立映射。

- **第 26 行**：将进程 0 描述符的 id 字段设置为 0，表示进程 0 的进程号为 0。在 MaQueOS 中，进程的进程号为该进程在 process 数组中的索引。

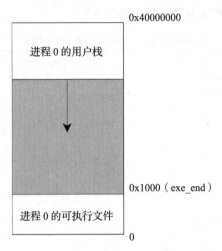

图 4.5　代码清单 4.5 中进程 0 的进程地址空间

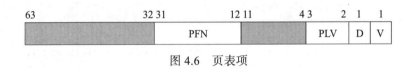

图 4.6　页表项

- **第 27 行**：将进程 0 描述符的 **exe_end** 字段设置为 4096（PAGE_SIZE），表示进程 0 的二进制可执行代码大小为一个页的大小。在 MaQueOS 中，二进制可执行代码的大小必须按页对齐。因此，虽然本章实验 code4 中进程 0 的可执行代码的大小为 8B，但是 exe_end 字段被设置为 4096。
- **第 28 行**：在 MaQueOS 中，维护了一个全局变量 current（具体定义详见第 9 行）。current 变量用于指向当前系统中正在运行的进程。如图 4.4 所示，将 current 设置为 process[0]，表示当前系统中运行的是进程 0。

代码清单 4.6　proc0.S 汇编程序

```
1              .globl start
2    start:
3              b start
```

在**第 3 行**中，循环运行本行指令，即进程 0 在用户态下一直处于死循环。

4.3　进程 0 的运行

如代码清单 4.7 的第 9～13 行所示，从 main 函数开始运行，直到调用 process_init 函数前，系统处于初始化阶段，一直在内核态下运行。当调用 process_init 函数，创建进程 0，并开启中断后，系统初始化阶段结束。此时，进程 0 需要进入用户态运行进程 0 的二进制可执行代码。

4.3.1　进程 0 进入用户态

MaQueOS 在 main 函数的第 4 版中，通过模拟中断返回的过程来实现从内核态进入用户态。main 函数（第 4 版）的实现详见代码清单 4.7。

代码清单 4.7　main 函数（第 4 版）

```
1    #define CSR_PRMD 0x1
2    #define CSR_ERA 0x6
3    #define CSR_PRMD_PPLV (3UL << 0)
4    #define CSR_PRMD_PIE (1UL << 2)
5    #define VMEM_SIZE (1UL << (9 + 9 + 12))
6
7    void main()
8    {
9            mem_init();
10           con_init();
11           excp_init();
12   (+)     process_init();
13           int_on();
14   (+)     asm volatile(
15   (+)         "csrwr %0, %1\n"
16   (+)         "csrwr $r0, %2\n"
17   (+)         "li.d $sp, %3\n"
18   (+)         "ertn\n"
19   (+)         :
20   (+)         : "r"(CSR_PRMD_PPLV | CSR_PRMD_PIE), "i"(CSR_PRMD),
                 "i"(CSR_ERA), "i"(  VMEM_SIZE));
21   }
```

下面对代码清单 4.7 进行说明。

- 第 12 行：调用 process_init 函数，创建进程 0，具体创建过程详见 4.2 节。
- 第 14～20 行：通过模拟中断返回的过程来实现从内核态进入用户态。其中，在**第 15 行**中，将 PRMD 寄存器中的 PIE 字段的值设置为 1，将 PPVL 字段的值设置为 3。在**第 16 行**中，将进程 0 进入用户态后运行的第 1 条指令的虚拟地址 0（详见代码清单 4.5 的第 25 行）赋值给 ERA 寄存器。在**第 17 行**中，如图 4.5 所示，使 sp 寄存器指向进程 0 用户栈的栈顶位置，此时，因为进程 0 的用户栈为空，所以进程 0 用户栈的栈顶位于进程 0 的进程地址空间的 1GB（VMEM_SIZE）处。此时，从内核初始化栈切换到进程 0 的用户栈。在**第 18 行**中，执行 ertn 指令，从内核态进入用户态。如第 2 章所述，ertn 指令将进行如下操作：

　　　　①将 PRMD 寄存器中的 PPLV 和 PIE 字段中的值（第 15 行）分别恢复到 CRMD 寄存器的 PLV 和 IE 字段中，因此，CRMD 寄存器的 PLV 和 IE 字段的值分别为 3 和 1，即系统进入用户态，并开启中断。

　　　　②将 ERA 寄存器中的值 0（第 16 行）加载到 PC 寄存器中，因此，进入用户态后，执行的第 1 条指令为进程 0 的二进制可执行代码的第 1 条指令。

4.3.2　TLB 重填例外的处理过程

TLB（Translation Lookaside Buffer，页表缓存）用于缓存虚拟地址到物理地址的映射。在 LoongArch 架构中，当访存操作的虚拟地址在 TLB 中没有找到匹配项时，触发 TLB 重填例外，操作系统进行 TLB 重填工作。本章实验 code4 中的 excp_init 函数第 3 版在第 2 版的基础上增加了对 TLB 重填例外相关的初始化处理，excp_init 函数（第 3 版）的实现详见代码清单 4.8。

代码清单 4.8 excp_init 函数（第 3 版）

```
1    #define DMW_MASK 0x9000000000000000UL
2    #define CSR_TCFG_EN (1UL << 0)
3    #define CSR_TCFG_PER (1UL << 1)
4    #define CSR_TCFG 0x41
5    #define CSR_EENTRY 0xc
6    #define CSR_ECFG_LIE_TI (1UL << 11)
7    #define CSR_ECFG 0x4
8    #define CSR_ECFG_LIE_HWI0 (1UL << 2)
9    #define CSR_TLBRENTRY 0x88
10   #define L7A_SPACE_BASE (0x10000000UL | DMW_MASK)
11   #define L7A_INT_MASK (L7A_SPACE_BASE + 0x020)
12   #define L7A_HTMSI_VEC (L7A_SPACE_BASE + 0x200)
13   #define KEYBOARD_IRQ 3
14   #define KEYBOARD_IRQ_HT 0
15   #define IOCSR_EXT_IOI_EN 0x1600
16   #define CC_FREQ 4
17
18   void excp_init()
19   {
20           unsigned int val;
21
22           val = read_cpucfg(CC_FREQ);
23           write_csr_64((unsigned long)val | CSR_TCFG_EN |
                   CSR_TCFG_PER, CSR_TCFG);
24           write_csr_64((unsigned long)exception_handler, CSR_EENTRY);
25   (+)     write_csr_64((unsigned long)tlb_handler, CSR_TLBRENTRY);
26           *(volatile unsigned long *)(L7A_INT_MASK) = ~(0x1UL <<
                   KEYBOARD_IRQ);
27           *(volatile unsigned char *)(L7A_HTMSI_VEC + KEYBOARD_IRQ)
                   = KEYBOARD_IRQ_HT;
28           write_iocsr(0x1UL << KEYBOARD_IRQ_HT,
                   IOCSR_EXT_IOI_EN);
29           write_csr_32(CSR_ECFG_LIE_TI | CSR_ECFG_LIE_HWI0,
                   CSR_ECFG);
30   }
```

下面对代码清单 4.8 进行说明。

- **第 25 行**：调用 write_csr_64 库函数，将 TLB 重填例外处理函数 tlb_handler 的入口地址填入 TLB 重填例外入口地址寄存器 TLBRENTRY 中。tlb_handler 函数的实现详见代码清单 4.9。

代码清单 4.9 tlb_handler 函数

```
1    #define CSR_PGD 0x1b
2    #define CSR_TLBRSAVE 0x8b
3
4    tlb_handler:
5            csrwr $t0, CSR_TLBRSAVE
6            csrrd $t0, CSR_PGD
```

```
7          lddir $t0, $t0, 1
8          ldpte $t0, 0
9          ldpte $t0, 1
10         tlbfill
11         csrrd $t0, CSR_TLBRSAVE
12         ertn
```

下面对代码清单 4.9 进行说明。

- **第 5 行**：保存 t0 寄存器的值，因为在 tlb_handler 函数中使用了该寄存器。
- **第 6 行**：使用 csrrd 汇编指令，将 PGD 寄存器中保存的触发 TLB 重填例外的进程的页目录起始物理地址[⊖]加载到 t0 寄存器中。
- **第 7 行**：使用 lddir 汇编指令，遍历页目录中触发 TLB 重填例外的虚拟地址对应的页目录项，并将该页目录项指向的页表起始物理地址加载到 t0 寄存器中。
- **第 8~9 行**：使用 ldpte 汇编指令，将页表中触发 TLB 重填例外的虚拟地址对应的 2 个页表项[⊖]的内容写入 TLBRELO0 寄存器和 TLBRELO1 寄存器。
- **第 10 行**：使用 tlbfill 汇编指令，将 TLBRELO0 寄存器和 TLBRELO1 寄存器中存放的页表项信息填入到 TLB 中。
- **第 11~12 行**：恢复 t0 寄存器的值后，例外返回。

4.4　时钟中断的处理过程

如代码清单 4.6 的第 3 行所示，进程 0 进入用户态后，进入死循环。系统每隔 1 秒产生一次时钟中断，进程 0 从用户态进入内核态。

4.4.1　中断响应及处理

时钟中断产生后，硬件将 CRMD 寄存器中的 IE 和 PLV 字段保存到 PRMD 寄存器后，跳转到 EENTRY 寄存器中存放的中断处理函数 exception_handler 的入口地址处，exception_handler 函数（第 2 版）的实现详见代码清单 4.10。

代码清单 4.10　exception_handler 函数（第 2 版）

```
1       #define CSR_SAVE1 0x31
2       #define CSR_PRMD 0x1
3
4       exception_handler:
5   (-)     addi.d $sp, $sp, -0xf0
6   (-)     store_load_regs st.d
7   (-)     bl do_exception
8   (-)     store_load_regs ld.d
9   (-)     addi.d $sp, $sp, 0xf0
10  (-)     ertn
11  (+)     csrwr $t0, CSR_SAVE1
12  (+)     csrrd $t0, CSR_PRMD
13  (+)     andi $t0, $t0, 0x3
14  (+)     beqz $t0, kernel_exception
15  (+)     b user_exception
```

⊖ 在 MaQueOS 中，PGD 寄存器中的值和 PGDL 寄存器中的值相同。

⊖ 在 LoongArch 架构中，TLB 采用奇偶双页结构。

下面对代码清单 4.10 进行说明。

- **第 5～10 行**：在本章实验 code4 中的 exception_handler 函数的第 2 版中，删除了第 1 版中对中断的处理过程，在第 1 版中仅支持处理在内核态下产生的中断。（这部分代码的说明见代码清单 2.4。）
- **第 11 行**：将寄存器 t0 的值保存到 SAVE1 寄存器中。
- **第 12～15 行**：通过判断 PRMD 寄存器中的 PVL 字段的值，确定中断发生在内核态还是用户态。在**第 12 行**中，将 PRMD 寄存器的值加载到 t0 寄存器中。在**第 13 行**中，在 t0 寄存器中只保留 PRMD 寄存器中的 PVL 字段的值。在**第 14 行**中，若中断发生在内核态，则调用 kernel_exception 函数进行处理。kernel_exception 函数的实现详见代码清单 4.11。本节只介绍在用户态下发生时钟中断的处理过程。在**第 15 行**中，若中断发生在用户态，则调用 user_exception 函数进行处理。user_exception 函数的实现详见代码清单 4.12。

代码清单 4.11 kernel_exception 函数

```
1    #define CSR_SAVE1 0x31
2
3    kernel_exception:
4            csrrd $t0, CSR_SAVE1
5            addi.d $sp, $sp, -0xf0
6            store_load_regs st.d
7            bl do_exception
8            store_load_regs ld.d
9            addi.d $sp, $sp, 0xf0
10           ertn
```

下面对代码清单 4.11 进行说明。

- **第 4 行**：将 SAVE1 寄存器中的值恢复到 t0 寄存器中。将 t0 寄存器的值保存到 SAVE1 寄存器中的过程详见代码清单 4.10 的第 11 行。
- **第 5～6 行**：保存中断现场。使用 addi.d 汇编指令将 sp 寄存器的值减去 0xf0，即在进程 0 的内核栈上预留 0xf0 字节大小的空间，用于保存中断现场。之后，通过调用 store_load_regs 宏，将 30 个寄存器组成的中断现场保存到上一行预留的进程 0 的内核栈上。
- **第 7 行**：调用 do_exception 函数，进行中断处理。
- **第 8～9 行**：恢复中断现场。中断处理结束后，调用 store_load_regs 宏，将第 6 行保存在进程 0 的内核栈上的中断现场恢复到 30 个对应的寄存器中。中断现场恢复后，释放预留的进程 0 内核栈中的空间。
- **第 10 行**：使用 ertn 汇编指令进行中断返回，返回过程详见 2.2.4 节。

代码清单 4.12 user_exception 函数（第 1 版）

```
1    #define CSR_SAVE0 0x30
2    #define CSR_SAVE1 0x31
3
```

```
4   user_exception:
5           csrrd $t0, CSR_SAVE1
6           csrwr $sp, CSR_SAVE0
7           addi.d $sp, $sp, -0xf0
8           store_load_regs st.d
9           bl do_exception
```

下面对代码清单 4.12 进行说明。

- **第 5 行**：将 SAVE1 寄存器中的值恢复到 t0 寄存器中。
- **第 6 行**：使用 csrwr 汇编指令，将 sp 寄存器中保存的进程 0 的用户栈栈顶地址（详见代码清单 4.7 的第 17 行）保存到 SAVE0 寄存器中，并将 SAVE0 寄存器保存的进程 0 的内核栈的栈顶地址（详见代码清单 4.5 的第 20 行）加载到 sp 寄存器中。此时，从进程 0 的用户栈切换到进程 0 的内核栈。
- **第 7～8 行**：保存中断现场。
- **第 9 行**：中断现场保存结束后，调用 do_exception 函数进行中断处理。在 do_exception 函数中，调用 timer_interrupt 函数，在显示器上显示字符串"hello, world."。

4.4.2　中断返回

时钟中断处理完成后，从 do_exception 函数返回到 user_exception_ret 函数中，进行中断返回处理，user_exception_ret 函数的实现详见代码清单 4.13。

代码清单 4.13　user_exception_ret 函数（第 1 版）

```
1    #define CSR_PRMD 0x1
2    #define CSR_SAVE0 0x30
3
4    user_exception_ret:
5            ori $t0, $r0, 0x7
6            csrwr $t0, CSR_PRMD
7            store_load_regs ld.d
8            addi.d $sp, $sp, 0xf0
9            csrwr $sp, CSR_SAVE0
10           ertn
```

下面对代码清单 4.13 进行说明。

- **第 5～6 行**：将 PRMD 寄存器中的 PPLV 和 PIE 字段分别设置为 3 和 1。
- **第 7～8 行**：恢复中断现场。中断现场的保存过程详见代码清单 4.12 的第 7～8 行。
- **第 9 行**：将 SAVE0 寄存器保存的进程 0 的用户栈的栈顶地址（详见代码清单 4.12 的第 6 行）加载到 sp 寄存器中。此时，从进程 0 的内核栈切换到进程 0 的用户栈。
- **第 10 行**：使用 ertn 汇编指令进行中断返回，返回过程详见代码清单 4.7 的第 18 行。至此，进程 0 从内核态切换到用户态，继续进入死循环，直到下一次产生时钟中断，进程 0 再次从用户态进入内核态。

4.5　本章任务

1. 编写用于遍历页表的函数 walk。在显示器的下半部分显示进程 0 的虚拟地址空间和物理地址空间的映射关系。例如，输出结果"0～0x1000->0x2000～0x3000"，表示虚拟地址空间 0～0x1000 和物理地址空间 0x2000～0x3000 建立了映射关系。

2. 将 MaQueOS 的 2 级页表结构升级为 3 级页表结构，进程地址空间从 $2^9 \times 2^9 \times 2^{12} = 1GB$ 增大到 $2^9 \times 2^9 \times 2^9 \times 2^{12} = 512GB$。

提示：

1）通过初始化 PWCL 寄存器，支持 3 级页表结构。

2）修改 get_pte 函数，支持 3 级页表结构。

3）修改 tlb_handler 函数，支持 3 级页表结构。

3. 在 process 数据结构中添加 name 字段。在显示器的下半部分显示进程 0 的详细信息，例如，进程描述符的内容等。

第 5 章　进程 1 的创建与运行

本章首先介绍 MaQueOS 为应用程序提供服务的系统调用的处理过程，处理流程主要包括如何在用户态下调用系统调用、从用户态进入内核态后中断现场的保存、系统调用的处理过程和系统调用的返回等；然后介绍为了在 CPU 上运行多个进程，MaQueOS 引入的基于时间片的进程间切换机制，该机制需要时钟中断处理程序的支持；最后，为了给应用程序提供创建进程的功能，MaQueOS 实现了 1 个系统调用：fork。为了验证 fork 系统调用和基于时间片的进程间切换机制的正确性，基于 fork 系统调用，本章实验 code5 由进程 0 调用 fork 系统调用创建进程 1，并为这两个进程分配相同数量的时间片（一个时间片的长度为 1 秒），因此进程 0 和进程 1 在 CPU 上交替运行。当进程运行一个时间片后，在时钟中断处理程序中，在显示器上显示出当前在 CPU 上运行的是进程 0 还是进程 1，以及当前进程剩余的时间片数量。

5.1　创建进程 1

如第 4 章所述，MaQueOS 中的第 1 个进程（进程 0）由 process_init 函数进行初始化。除了进程 0 之外的所有进程都是通过该进程的父进程调用 fork 系统调用创建的。例如，本章中的进程 1 就是它的父进程（进程 0）调用 fork 系统调用创建的。

5.1.1　系统调用

在 MaQueOS 中，内核通过系统调用为程序提供所需的服务。每种服务对应一个系统调用，每个系统调用都有一个编号（以下简称系统调用号）。在用户态下，进程调用系统调用进入内核态。进程在调用系统调用时，可以向内核传递参数，最多可以传递 7 个参数，分别保存在寄存器 a0～a6 中。除了传递系统调用参数，还需要通过 a7 寄存器向内核传递系统调用号。在内核态下，处理完系统调用后，返回到用户态，并通过 a0 寄存器向用户态传递系统调用的返回值。

MaQueOS 为用户态下运行的进程提供了创建进程的服务，该服务由 fork 系统调用实现。如前所述，进程 0 在用户态下，通过调用 fork 系统调用来创建进程 1。如代码清单 5.1 的第 1 行所示，fork 系统调用的系统调用号为 0。进程 0 和进程 1 运行的二进制可执行代码对应的汇编程序 proc0.S 如代码清单 5.1 所示。

代码清单 5.1　proc0.S 汇编程序

```
1    #define NR_fork 0
2
3    .macro syscall0 A7
4        ori $a7, $r0, \A7
```

```
5            syscall 0
6    .endm
7
8            .globl start
9    start:
10           syscall0 NR_fork
11           bnez $a0, father
12   child:
13           b child
14   father:
15           b father
```

下面对代码清单 5.1 进行说明。

- **第 10 行**：调用 fork 系统调用，创建进程 1。在 MaQueOS 中，为了提升代码的简洁度，将系统调用的调用过程定义成宏。如第 3～6 行所示，syscall0 宏定义了不需要传递参数的系统调用的调用过程。其中，第 4 行将系统调用号赋值给 a7 寄存器，第 5 行使用 syscall 汇编指令调用系统调用。

  类似中断产生的过程，syscall 指令的执行会在用户态下触发一个系统调用例外。之后，系统进入内核态，硬件将 CRMD 寄存器中的 IE 和 PLV 字段保存到 PRMD 寄存器后，跳转到 EENTRY 寄存器中存放的中断处理函数 exception_handler 的入口地址处。因为系统调用例外发生在用户态下，所以在 exception_handler 函数中，调用用户态例外处理函数 user_exception，user_exception 函数（第 2 版）的实现详见代码清单 5.2。

- **第 11～15 行**：进程 0 和进程 1 从内核态返回到用户态后，都会执行第 11 行中的代码。根据 a0 寄存器中保存的 fork 系统调用返回值，判断执行第 11 行代码的是进程 0 还是进程 1。若 a0 寄存器的值为 1（详见 5.1.3 节），表示是进程 0，则跳转到第 15 行运行，进入死循环。若 a0 寄存器的值为 0（详见 5.2.3 节），表示是进程 1，则跳转到第 13 行运行，进入死循环。

代码清单 5.2　user_exception 函数（第 2 版）

```
1    #define STACK_SIZE 0xf8
2    #define CSR_SAVE0 0x30
3    #define CSR_SAVE1 0x31
4    #define CSR_ERA 0x6
5    #define CSR_ESTAT 0x5
6
7    user_exception:
8            csrrd $t0, CSR_SAVE1
9            csrwr $sp, CSR_SAVE0
10   (-)     addi.d $sp, $sp, -0xf0
11   (+)     addi.d $sp, $sp, -STACK_SIZE
12           store_load_regs st.d
13   (+)     csrrd $t0, CSR_ERA
14   (+)     st.d $t0, $sp, 0xf0
15   (+)     csrrd $t0, CSR_ESTAT
16   (+)     srli.d $t0, $t0, 16
17   (+)     andi $t0, $t0, 0x3f
18   (+)     ori $t1, $r0, 0xb
```

```
19   (+)      beq $t0, $t1, syscall
20            bl do_exception
```

下面对代码清单 5.2 进行说明。

- **第 10～14 行**：本章实验 code5 中的 user_exception 函数的第 2 版在中断现场保存中增加了对 ERA 寄存器的保存。在**第 10～11 行**中，相比 user_exception 函数第 1 版，第 2 版在进程 0 的内核栈上用于保存现场的空间增加 8B。在**第 13～14 行**中，使用 csrrd 汇编指令获取 ERA 寄存器的值后，保存到进程 0 的内核栈上。此时，进程 0 内核栈的情况如图 5.1a 所示。

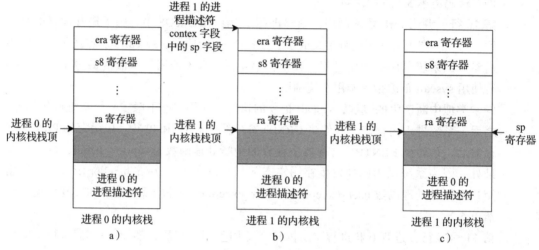

图 5.1　进程 0 和进程 1 的内核栈

- **第 15～19 行**：跳转到系统调用处理函数 syscall。在**第 15～18 行**中，获取 ESTAT 寄存器中的 Ecode 字段中的值。在**第 18 行**中，将系统调用例外的例外号 0xb 赋值给 t1 寄存器。在**第 19 行**中，若 ESTAT 寄存器的 Ecode 字段中的值为 0xb，则转到系统调用处理函数 syscall，syscall 函数的实现详见代码清单 5.3。Ecode 字段在 ESTAT 寄存器中的位置如图 C.4 所示。

代码清单 5.3　syscall 函数（第 1 版）

```
1    #define A0_OFFSET 0x10
2    #define ERA_OFFSET 0xf0
3    int (*syscalls[])() = {
4            sys_fork};
5
6    syscall:
7            ld.d $t0, $sp, ERA_OFFSET
8            addi.d $t0, $t0, 4
9            st.d $t0, $sp, ERA_OFFSET
10           la $t0, syscalls
11           alsl.d $a7, $a7, $t0, 3
12           ld.d $t0, $a7, 0
13           jirl $ra, $t0, 0
14           st.d $a0, $sp, A0_OFFSET
15           b user_exception_ret
```

下面对代码清单 5.3 进行说明。

- **第 7~9 行**：将进程 0 内核栈上保存的 ERA 寄存器中的值加 4，ERA 寄存器在进程 0 内核栈上的偏移是 0xf0（ERA_OFFSET）。因为 ERA 寄存器中保存的是触发系统调用例外的指令的地址（详见代码清单 5.1 的第 5 行），但是当 fork 系统调用返回后，执行的第 1 条指令是代码清单 5.1 的第 11 行中的指令，所以需要将进程 0 内核栈上保存的 ERA 寄存器中的值加 4[⊖]。
- **第 10~13 行**：根据 a7 寄存器中的 fork 系统调用号 0，跳转到 fork 系统调用处理函数 sys_fork，处理过程详见 5.1.2 节。在**第 10 行**中，将函数指针数组 syscalls 的起始地址赋值给 t0 寄存器。syscalls 数组用于存放所有系统调用处理函数的指针，syscalls 数组中每项的大小为 8B。在**第 11 行**中，将 a7 寄存器中的 fork 系统调用号 0 左移 3 位[⊖]后，得到 sys_fork 函数的指针在 syscalls 数组中的偏移，将其与 t0 寄存器中保存的 syscalls 数组的起始地址相加后得到 sys_fork 函数的指针的地址后，赋值给 a7 寄存器。在**第 12 行**中，通过 a7 寄存器中的 sys_fork 函数的指针的地址，获取 sys_fork 函数的地址后，赋值给 t0 寄存器。在**第 13 行**中，跳转到 t0 寄存器指向的 sys_fork 函数，并将 sys_fork 函数的返回地址（第 14 行代码的地址）保存到 ra 寄存器中，即从 sys_fork 函数返回后，运行的第 1 条指令位于第 14 行中。
- **第 14 行**：当 sys_fork 函数返回后，将 sys_fork 函数的返回值存放到进程 0 内核栈中。
- **第 15 行**：调用 user_exception_ret 函数，从内核态返回到用户态，处理过程详见 5.1.3 节。

5.1.2 fork 系统调用

fork 系统调用的处理由 sys_fork 函数完成，sys_fork 函数的实现详见代码清单 5.4。sys_fork 函数不需要参数。本小节以进程 0（当前进程）创建进程 1 为例，详细介绍 sys_fork 函数的处理过程。

代码清单 5.4 sys_fork 函数（第 1 版）

```
1   #define NR_PROCESS 64
2   #define PAGE_SIZE 4096
3   #define PROC_COUNTER 5
4   #define CSR_SAVE0 0x30
5   struct context
6   {
7           unsigned long ra, sp;
8           unsigned long s0, s1, s2, s3, s4, s5, s6, s7, s8, fp;
9           unsigned long csr_save0;
10  };
11
12  int sys_fork()
13  {
14          int i;
15
16          for (i = 1; i < NR_PROCESS; i++)
17                  if (!process[i])
```

⊖ 在 LoongArch 架构中，机器指令的长度为固定值 4。
⊖ 因为 syscalls 数组中每项的大小为 8B，所以需要将系统调用号左移 3 位。

```
18                               break;
19                  if (i == NR_PROCESS)
20                       panic("panic: process[] is empty!\n");
21           process[i] = (struct process *)get_page();
22           copy_mem((char *)process[i], (char *)current, PAGE_SIZE);
23           process[i]->page_directory = get_page();
24           copy_page_table(current, process[i]);
25           process[i]->context.ra = (unsigned long)fork_ret;
26           process[i]->context.sp = (unsigned long)process[i] + PAGE_SIZE;
27           process[i]->context.csr_save0 = read_csr_64(CSR_SAVE0);
28           process[i]->pid = i;
29           process[i]->counter = PROC_COUNTER;
30           return i;
31  }
```

下面对代码清单 5.4 进行说明。

- **第 16～20 行**：遍历 process 数组，查找空闲项。因为正在创建进程 1，并且第 0 项被进程 0 使用，所以找到的空闲项为第 1 项。

- **第 21～22 行**：首先，调用 get_page 函数申请一个空闲物理页，用来存放进程 1 的进程描述符和内核栈。然后，调用 copy_mem 函数，将进程 0 的进程描述符和内核栈复制到进程 1。

- **第 23～24 行**：调用 get_page 函数申请一个空闲物理页，作为进程 1 的页目录。调用 copy_page_table 函数，将进程 0 的页表复制到进程 1。copy_page_table 函数的实现详见代码清单 5.6。

- **第 25～27 行**：初始化进程 1 的进程描述符中的 context 字段。如代码清单 5.5 所示，为了支持进程间切换，本章实验 code5 中的 process 数据结构的第 2 版在第 1 版的基础上增加了 2 个字段：counter 字段和 context 字段。其中，context 字段在进程切换时，用于保存进程上下文环境。如本代码段第 5～10 行所示，进程上下文包括 13 个寄存器的值。此处只需初始化进程 1 的进程描述符的 counter 字段中的 3 个字段。其中，**第 25 行**将 fork_ret 函数的地址赋值给 ra 字段（fork_ret 函数的介绍详见 5.2.3 节）；**第 26 行**将 sp 字段指向如图 5.1b 所示的位置；**第 27 行**将进程 0 用户栈的栈顶地址赋值给 save0 字段，该地址在 user_exception 函数中，被保存在 SAVE0 寄存器中（详见代码清单 5.2 的第 9 行）。

- **第 28 行**：将进程 1 的进程号设置为 1。

- **第 29 行**：将进程 1 的剩余时间片的数量设置为 5（PROC_COUNTER）。

- **第 30 行**：返回进程 1 的进程号 1。

代码清单 5.5　process 数据结构（第 2 版）

```
1   struct process
2   {
3            int pid;
4   (+)      int counter;
5            unsigned long exe_end;
6            unsigned long page_directory;
7   (+)      struct context context;
8   };
```

下面对代码清单 5.5 进行说明。

- 第 4 行：counter 字段，记录进程的剩余时间片的数量。
- 第 7 行：context 字段，进程切换时，用于保存进程上下文环境。

代码清单 5.6　copy_page_table 函数（第 1 版）

```
1    #define ENTRYS 512
2    #define DMW_MASK 0x9000000000000000UL
3    #define PAGE_SIZE 4096
4
5    void copy_page_table(struct process *from, struct process *to)
6    {
7            unsigned long from_pd, to_pd, from_pt, to_pt;
8            unsigned long *from_pde, *to_pde, *from_pte, *to_pte;
9            unsigned long from_page, to_page;
10           int i, j;
11
12           from_pd = from->page_directory;
13           from_pde = (unsigned long *)from_pd;
14           to_pd = to->page_directory;
15           to_pde = (unsigned long *)to_pd;
16           for (i = 0; i < ENTRYS; i++, from_pde++, to_pde++)
17           {
18                   if (*from_pde == 0)
19                       continue;
20                   from_pt = *from_pde | DMW_MASK;
21                   from_pte = (unsigned long *)from_pt;
22                   to_pt = get_page();
23                   to_pte = (unsigned long *)to_pt;
24                   *to_pde = to_pt & ~DMW_MASK;
25                   for (j = 0; j < ENTRYS; j++, from_pte++, to_pte++)
26                   {
27                           if (*from_pte == 0)
28                                   continue;
29                           from_page = (~0xfffUL & *from_pte) |
                                   DMW_MASK;
30                           to_page = get_page();
31                           *to_pte = (to_page & ~DMW_MASK) | (*from_pte
                                   & 0x1FF);
32                           copy_mem((char *)to_page, (char *)from_page,
                                   PAGE_SIZE);
33                   }
34           }
35   }
```

下面对代码清单 5.6 进行说明。

- 第 12～13 行：获取父进程页目录中的起始页目录项 from_pde 在内核态下的虚拟地址。
- 第 14～15 行：获取子进程页目录中的起始页目录项 to_pde 在内核态下的虚拟地址。
- 第 16～34 行：循环遍历父进程的页目录中的所有页目录项。
  - 第 18～19 行：若当前页目录项 from_pde 中的值为 0，则跳过该页目录项。
  - 第 20～21 行：若当前页目录项 from_pde 中的值不为 0，则获取该页目录项指向的页表 from_pt 中的起始页表项 from_pte 在内核态下的虚拟地址。

- ○ **第 22 行**：调用 get_page 函数申请一个空闲物理页，用于存放子进程的页表 to_pt。
- ○ **第 23 行**：获取页表 to_pt 中的起始页表项 to_pte 在内核态下的虚拟地址。
- ○ **第 24 行**：获取页表 to_pt 的起始物理地址，并将其存放在该页表在页目录中对应的页目录项 to_pde 中。
- ○ **第 25～33 行**：循环遍历父进程页表中的所有页表项。

    在**第 27～28 行**中，若当前页表项 from_pte 中的值为 0，则跳过该页表项。在**第 29 行**中，若当前页表项 from_pte 中的值不为 0，则获取该页表项中指向的物理页 from_page 在内核态下的虚拟地址。在**第 30 行**中，调用 get_page 函数申请一个空闲物理页 to_page，用于复制物理页 from_page 的内容。在**第 31 行**中，获取空闲物理页 to_page 的起始物理地址后，将其与父进程的当前页表项 from_pte 中的属性进行或运算后，存放在该空闲物理页在页表中对应的页表项 to_pte 中。在**第 32 行**中，调用 copy_mem 库函数，将父进程的物理页 from_page 的内容复制到子进程的物理页 to_page 中。

5.1.3 系统调用返回

当 sys_fork 函数完成进程 1 的创建后，返回到 syscall 函数（代码清单 5.3 的第 14 行）。在 syscall 函数中，将 sys_fork 函数的返回值（进程 1 的进程号 1）存放到进程 0 的内核栈中后，如代码清单 5.3 的第 15 行所示，跳转到 user_exception_ret 函数，进程 0 从内核态返回到用户态。返回过程由 user_exception_ret 函数完成。user_exception_ret 函数（第 2 版）的实现详见代码清单 5.7。

代码清单 5.7　user_exception_ret 函数（第 2 版）

```
1     #define STACK_SIZE 0xf8
2     #define CSR_PRMD 0x1
3     #define CSR_ERA 0x6
4     #define CSR_SAVE0 0x30
5
6     user_exception_ret:
7             ori $t0, $r0, 0x7
8             csrwr $t0, CSR_PRMD
9     (+)     ld.d $t0, $sp, 0xf0
10    (+)     csrwr $t0, CSR_ERA
11            store_load_regs ld.d
12    (-)     addi.d $sp, $sp, 0xf0
13    (+)     addi.d $sp, $sp, STACK_SIZE
14            csrwr $sp, CSR_SAVE0
15            ertn
```

下面对代码清单 5.7 进行说明。

- **第 9～14 行**：恢复中断现场。中断现场的保存详见代码清单 5.2 的第 10～14 行。其中，ERA 和 a0 寄存器的值都在 syscall 函数中进行了修改。如代码清单 5.3 的第 7～9 行所示，将 ERA 寄存器的值修改为代码清单 5.1 的第 11 行代码的地址。如代码清单 5.3 的第 14 行所述，将 a0 寄存器的值修改为 sys_fork 函数的返回值（进程 1 的进程号 1）。

- 第 15 行：ertn 指令执行后，进程 0 从内核态切换到用户态。如前所述，进程 0 进入
  用户态后，执行 ERA 寄存器指向的代码清单 5.1 的第 11 行中的代码。又因为 a0 寄
  存器的值为进程 1 的进程号 1，所以进程 0 跳转到代码清单 5.1 的第 15 行运行，进入
  死循环。

5.2 进程切换

为了能够在一个 CPU 上运行多个进程，MaQueOS 将 CPU 的运行时间划分为以 1 秒为
单位的时间片，并在进程创建和时间片用完时，为进程分配固定数量的时间片。为此，如
代码清单 5.5 所示，本章实验 code5 中的 process 数据结构的第 2 版在第 1 版的基础上增
加了 counter 字段，用于保存进程的剩余时间片。进程 0 的进程描述符中的 counter 字段在
process_init 函数中初始化，process_init 函数（第 2 版）的实现详见代码清单 5.8。

代码清单 5.8　process_init 函数（第 2 版）

```
1    #define NR_PROCESS 64
2    #define PAGE_SIZE 4096
3    #define CSR_SAVE0 0x30
4    #define DMW_MASK 0x9000000000000000UL
5    #define CSR_PGDL 0x19
6    #define PTE_V (1UL << 0)
7    #define PTE_D (1UL << 1)
8    #define PTE_PLV (3UL << 2)
9    #define PROC_COUNTER 5
10
11   void process_init()
12   {
13           unsigned long page;
14           int i;
15
16           for (i = 0; i < NR_PROCESS; i++)
17                   process[i] = 0;
18           process[0] = (struct process *)get_page();
19           write_csr_64((unsigned long)process[0] + PAGE_SIZE,CSR_SAVE0);
20           process[0]->page_directory = get_page();
21           write_csr_64(process[0]->page_directory & ~DMW_MASK,
                   CSR_PGDL);
22           page = get_page();
23           copy_mem((void *)page, proc0_code, sizeof(proc0_code));
24           put_page(process[0], 0, page, PTE_PLV | PTE_D | PTE_V);
25           process[0]->pid = 0;
26           process[0]->exe_end = PAGE_SIZE;
27   (+)     process[0]->counter = PROC_COUNTER;
28           current = process[0];
29   }
```

在**第 27 行**中，将进程 0 的剩余时间片的数量设置为 5（PROC_COUNTER）。

5.2.1 时钟中断

进程 0 在用户态下调用 fork 系统调用，进入内核态创建进程 1 后，如代码清单 5.7 的第

15 行所示，再次返回到用户态，并进入死循环。进程 0 在用户态下运行 1 秒（1 个时间片）后，发生时钟中断，进程 0 再次从用户态进入内核态，在 timer_interrupt 函数中，对时钟中断进行处理，timer_interrupt 函数（第 2 版）的实现详见代码清单 5.9。

代码清单 5.9   timer_interrupt 函数（第 2 版）

```
1    #define CSR_PRMD_PPLV (3UL << 0)
2    #define CSR_PRMD 0x1
3
4    void timer_interrupt()
5    {
6    (-)      printk("hello, world.\n");
7    (+)      if ((--current->counter) > 0)
8    (+)      {
9    (+)          do_timer();
10   (+)           return;
11   (+)      }
12   (+)      current->counter = 0;
13   (+)      if ((read_csr_32(CSR_PRMD) & CSR_PRMD_PPLV) == 0)
14   (+)          return;
15   (+)      schedule();
16   }
```

下面对代码清单 5.9 进行说明。

- **第 7～11 行**：对当前进程的剩余时间片进行减 1 操作。若当前进程还有剩余时间片，则调用 do_timer 函数进行处理，do_timer 函数的实现详见代码清单 5.10。
- **第 12 行**：若当前进程的时间片已用完，则将当前进程的剩余时间片设置为 0。
- **第 13～15 行**：若 PRMD 寄存器中的 PPLV 字段的值为 0，表示时钟中断发生在内核态下，则在第 14 行不执行进程切换，直接返回。若值为 3，表示时钟中断发生在用户态下，则在第 15 行调用 schedule 函数，执行进程切换，切换过程详见 5.2.2 节。

代码清单 5.10   do_timer 函数

```
1    void do_timer()
2    {
3        if (current->pid == 0)
4            print_debug("proc0: ", current->counter);
5        else
6            print_debug("proc1: ", current->counter);
7    }
```

在第 3～4 行中，若在进程 0 运行期间发生了时钟中断，则在显示器上显示进程 0 的剩余时间片。在第 5～6 行中，若在进程 1 运行期间发生了时钟中断，则在显示器上显示进程 1 的剩余时间片。

5.2.2   从进程 0 切换到进程 1

如上节所述，当进程 0 的剩余时间片为 0 后，需要调用 schedule 函数（详见代码清单 5.11）进行进程切换。本小节以进程 0 切换到进程 1 为例，详细介绍进程切换的过程。schedule 函数的实现详见代码清单 5.11。

代码清单 5.11 schedule 函数（第 1 版）

```
1    #define NR_PROCESS 64
2    #define PROC_COUNTER 5
3    #define DMW_MASK 0x9000000000000000UL
4    #define CSR_PGDL 0x19
5
6    void schedule()
7    {
8            int pid = 0;
9            int i;
10            struct process *old;
11
12            for (i = 0; i < NR_PROCESS; i++)
13            {
14                    if (!process[i] || process[i]->counter == 0)
15                            continue;
16                    pid = process[i]->pid;
17                    break;
18            }
19            if (i == NR_PROCESS)
20            {
21                    for (i = 0; i < NR_PROCESS; i++)
22                    {
23                            if (!process[i])
24                                    continue;
25                            process[i]->counter = PROC_COUNTER;
26                            pid = process[i]->pid;
27                    }
28            }
29            if (current->pid == pid)
30                    return;
31            old = current;
32            current = process[pid];
33            write_csr_64(current->page_directory & ~DMW_MASK,
                    CSR_PGDL);
34            invalidate();
35            switch(&old->context, &current->context);
36    }
```

下面对代码清单 5.11 进行说明。

- **第 12～18 行**：遍历 process 数组，若遍历到第 1 个剩余时间片不为 0 的进程，则获取该进程的进程号。此时，系统中只有 2 个进程：进程 0 和进程 1，并且进程 0 的剩余时间片为 0，进程 1 的剩余时间片为 5，因此，获取的进程号为 1。

- **第 19～28 行**：若不存在剩余时间片不为 0 的进程，则再次遍历 process 数组，为所有系统中运行的进程重新分配 5 个时间片，并获取遍历到的最后一个进程的进程号。

- **第 29～30 行**：若获取的进程号和当前进程的进程号相同，则不需要执行进程切换，直接返回。

- **第 31～32 行**：保存并设置 current 变量的值。因为是从进程 0（当前进程）切换到进程 1，所以最终将 old 设置为 process[0]，current 设置为 process[1]。

- **第 33～34 行**：将进程 1 的页目录的起始物理地址存放在 PGDL 寄存器中后，调用

invalidate 库函数刷新 TLB。因为 TLB 中存放的是虚拟页到物理页的映射关系，并且每个进程的映射关系不同，所以发生进程切换时，需要清空 TLB 中存放的被切换进程的映射关系。此处清空的是 TLB 中存放的进程 0 的映射关系。

- **第 35 行**：调用 switch 函数（详见代码清单 5.12），从进程 0 切换到进程 1。

代码清单 5.12　switch 函数

```
1    #define CSR_SAVE0 0x30
2
3    switch:
4            st.d $ra, $a0, 0x0
5            st.d $sp, $a0, 0x8
6            st.d $s0, $a0, 0x10
7            st.d $s1, $a0, 0x18
8            st.d $s2, $a0, 0x20
9            st.d $s3, $a0, 0x28
10           st.d $s4, $a0, 0x30
11           st.d $s5, $a0, 0x38
12           st.d $s6, $a0, 0x40
13           st.d $s7, $a0, 0x48
14           st.d $s8, $a0, 0x50
15           st.d $fp, $a0, 0x58
16           csrrd $s0, CSR_SAVE0
17           st.d $s0, $a0, 0x60
18           ld.d $s0, $a1, 0x60
19           csrwr $s0, CSR_SAVE0
20           ld.d $ra, $a1, 0x0
21           ld.d $sp, $a1, 0x8
22           ld.d $s0, $a1, 0x10
23           ld.d $s1, $a1, 0x18
24           ld.d $s2, $a1, 0x20
25           ld.d $s3, $a1, 0x28
26           ld.d $s4, $a1, 0x30
27           ld.d $s5, $a1, 0x38
28           ld.d $s6, $a1, 0x40
29           ld.d $s7, $a1, 0x48
30           ld.d $s8, $a1, 0x50
31           ld.d $fp, $a1, 0x58
32           jirl $zero, $ra, 0
```

下面对代码清单 5.12 进行说明。

- **第 4～17 行**：将进程 0 的上下文保存到进程 0 的进程描述符的 context 字段中。如前所述，进程的上下文包括 13 个寄存器的值。类似于系统调用参数的传递（详见 5.1.1 节），在 MaQueOS 中，函数最多支持 8 个参数，依次保存在 a0～a7 寄存器中。如代码清单 5.10 的第 35 行所示，在 schedule 函数中调用 switch 函数时，传递的 2 个参数为：进程 0 的进程描述符中的 context 字段和进程 1 的进程描述符中的 context 字段，这 2 个参数分别保存在 a0 寄存器和 a1 寄存器中。

- **第 18～31 行**：将进程 1 的上下文从进程 1 的进程描述符的 context 字段中的值加载到对应的寄存器中。此时，系统中当前运行的进程从进程 0 切换到进程 1。

- **第 32 行**：使用 jirl 指令，进程 1 跳转到 ra 寄存器指向的指令处运行。如代码清单 5.4 的第 25 行所示，在 sys_fork 函数中，将进程 1 的进程描述符的 context 字段中的 ra 字段的值设置为 fork_ret 函数的地址，并且在第 20 行将其加载到 ra 寄存器中。因此，进程 1 跳转到 fork_ret 函数运行。fork_ret 函数的具体执行过程详见 5.2.3 节。

5.2.3　进程 1 的运行

如前所述，当进程 0 的时间片用完后，调用 switch 函数从进程 0 切换到进程 1。之后，进程 1 开始运行 fork_ret 函数（fork_ret 函数的实现详见代码清单 5.13）。

代码清单 5.13　fork_ret 函数

```
1    #define STACK_SIZE 0xf8
2    #define A0_OFFSET 0x10
3
4    fork_ret:
5            addi.d $sp, $sp, -STACK_SIZE
6            st.d $r0, $sp, A0_OFFSET
7            b user_exception_ret
```

下面对代码清单 5.13 进行说明。

- **第 5 行**：在代码清单 5.12 的第 21 行中，将图 5.1b 所示的进程 1 的进程描述符的 context 字段中的 sp 字段的值加载到 sp 寄存器中。因为 sp 寄存器未指向进程 1 内核栈的栈顶位置，所以需要将 sp 寄存器的值调整到如图 5.1c 所示的位置。
- **第 6 行**：将进程 1 内核栈中保存的 a0 寄存器的值修改为 0。
- **第 7 行**：跳转到 user_exception_ret 函数，进程 1 从内核态进入用户态。执行过程详见代码清单 5.7。类似进程 0 从内核态进入用户态的过程，当进程 1 执行 ertn 指令（代码清单 5.7 的第 15 行）后，进程 1 从内核态进入用户态，执行 ERA 寄存器指向的代码清单 5.1 的第 11 行中的代码。又因为 a0 寄存器的值在上一行中被修改为 0，所以进程 1 运行代码清单 5.1 的第 13 行代码，进入死循环。

5.3　本章任务

1. 统计在内核态下发生时钟中断的次数。

2. 简述代码清单 5.9 的第 14 行存在的意义。

3. 实现基于剩余时间片的进程切换策略，剩余时间片越多，进程的优先级越高。

4.（飞机大战）编写 refresh 系统调用，为用户态下运行的进程提供刷新显示器的服务。提示：在用户态下，定义一个大小为 8000B（160×50）的缓冲区，通过调用 refresh 系统调用，将缓冲区中的内容写到显存中。

第 6 章　进程的挂起、唤醒与终止

本章首先讨论 MaQueOS 的进程挂起与唤醒机制，唤醒机制涉及不可中断挂起与唤醒和可中断挂起与唤醒两种情况，我们会介绍它们之间的区别。然后，详述 MaQueOS 中进程终止的过程，重点描述子进程如何向父进程发送终止信号、父进程如何接收并处理终止信号，以及最终父进程如何释放子进程占用的系统资源。为了支持进程的挂起、唤醒和终止，本章还会介绍在进程描述中增加的字段。最后，为了完成给应用程序提供键盘输入、在显示器上显示字符串、进入可中断挂起状态和进程终止运行的服务，MaQueOS 分别实现了 4 个系统调用：input、output、pause 和 exit。为了验证进程的挂起唤醒和终止机制的正确性，基于上述 4 个系统调用，本章实验 code6 中创建了 3 个进程：进程 0 的工作是创建进程 1；进程 1 的工作是创建进程 2 后，调用 pause 系统调用挂起自己，当进程 2 终止运行后，进程 1 收到进程 2 发送的终止信号时，负责释放进程 2 占用的资源；进程 2 在用户态下调用 input 系统调用，获取键盘输入的字符，再调用 output 系统调用将字符显示到显示器上。当获取的是回车键时，进程 2 调用 exit 系统调用终止运行，并向进程 1 发送终止信号。

6.1　不可中断挂起与唤醒

当进程在内核态下访问系统共享资源失败时，需要将该进程挂起。即使该进程还有剩余时间片，也要将其设置为不可中断挂起状态（TASK_UNINTERRUPTIBLE），并切换到其他进程。

如代码清单 6.1 所示，为了支持进程的挂起与唤醒，本章实验 code6 中的 process 数据结构的第 3 版在第 2 版的基础上增加了 2 个字段：state 和 wait_next。进程 0 的进程描述符中的这两个字段在 process_init 函数中初始化，process_init 函数（第 3 版）的实现详见代码清单 6.2。在通过 fork 系统调用创建的进程的进程描述符中，这两个字段在 sys_fork 函数中初始化，sys_fork 函数（第 2 版）的实现详见代码清单 6.3。

代码清单 6.1　process 数据结构（第 3 版）

```
1    #define TASK_RUNNING 0
2    #define TASK_UNINTERRUPTIBLE 1
3    #define TASK_INTERRUPTIBLE 2
4    #define TASK_EXIT 3
5
6    struct process
7    {
8    (+)       int state;
9              int pid;
10             int counter;
11   (+)       int signal_exit;
12             unsigned long exe_end;
```

```
13              unsigned long page_directory;
14     (+)      struct process *father;
15     (+)      struct process *wait_next;
16              struct context context;
17     };
```

下面对代码清单 6.1 进行说明。

- **第 8 行**：state 字段，存放进程的当前状态。如第 1～4 行所示，MaQueOS 支持 4 种进程状态：可运行状态（TASK_RUNNING）、不可中断挂起状态（TASK_UNINTERRUPTIBLE）、可中断挂起状态（TASK_INTERRUPTIBLE）和终止状态（TASK_EXIT）。本章将逐一对这些进程状态进行详细介绍。
- **第 11 行**：signal_exit 字段，用于接收子进程向父进程发送的终止信号。
- **第 14 行**：father 字段，用于指向该进程的父进程。
- **第 15 行**：wait_next 字段，在因访问共享资源失败而挂起的进程链表中，用于指向下一个进程。

代码清单 6.2　process_init 函数（第 3 版）

```
1     #define NR_PROCESS 64
2     #define PAGE_SIZE 4096
3     #define CSR_SAVE0 0x30
4     #define DMW_MASK 0x9000000000000000UL
5     #define CSR_PGDL 0x19
6     #define PTE_V (1UL << 0)
7     #define PTE_D (1UL << 1)
8     #define PTE_PLV (3UL << 2)
9     #define PROC_COUNTER 5
10    #define TASK_RUNNING 0
11
12    void process_init()
13    {
14            unsigned long page;
15            int i;
16
17            for (i = 0; i < NR_PROCESS; i++)
18                    process[i] = 0;
19            process[0] = (struct process *)get_page();
20            write_csr_64((unsigned long)process[0] + PAGE_SIZE,CSR_SAVE0);
21            process[0]->page_directory = get_page();
22            write_csr_64(process[0]->page_directory & ~DMW_MASK,
                  CSR_PGDL);
23            page = get_page();
24            copy_mem((void *)page, proc0_code, sizeof(proc0_code));
25            put_page(process[0], 0, page, PTE_PLV | PTE_D | PTE_V);
26            process[0]->pid = 0;
27            process[0]->exe_end = PAGE_SIZE;
28            process[0]->counter = PROC_COUNTER;
29    (+)     process[0]->wait_next = 0;
30    (+)     process[0]->signal_exit = 0;
31    (+)     process[0]->father = 0;
32    (+)     process[0]->state = TASK_RUNNING;
33            current = process[0];
34    }
```

在第 29～32 行中，初始化进程 0 的进程描述符中的字段。其中，将 father 字段初始化为 0，表示进程 0 没有父进程；将 state 字段初始化为 0（TASK_RUNNING），表示进程 0 处于可运行状态。

代码清单 6.3   sys_fork 函数（第 2 版）

```
1      #define NR_PROCESS 64
2      #define PAGE_SIZE 4096
3      #define PROC_COUNTER 5
4      #define CSR_SAVE0 0x30
5      #define TASK_RUNNING 0
6
7      int sys_fork()
8      {
9              int i;
10
11             for (i = 1; i < NR_PROCESS; i++)
12                     if (!process[i])
13                             break;
14             if (i == NR_PROCESS)
15                     panic("panic: process[] is empty!\n");
16             process[i] = (struct process *)get_page();
17             copy_mem((char *)process[i], (char *)current, PAGE_SIZE);
18             process[i]->page_directory = get_page();
19             copy_page_table(current, process[i]);
20             process[i]->context.ra = (unsigned long)fork_ret;
21             process[i]->context.sp = (unsigned long)process[i] + PAGE_SIZE;
22             process[i]->context.csr_save0 = read_csr_64(CSR_SAVE0);
23             process[i]->pid = i;
24             process[i]->counter = PROC_COUNTER;
25 (+)         process[i]->wait_next = 0;
26 (+)         process[i]->signal_exit = 0;
27 (+)         process[i]->father = current;
28 (+)         process[i]->state = TASK_RUNNING;
29             return i;
30     }
```

在第 25～28 行中，初始化待创建进程的进程描述符中的字段。其中，将 father 字段指向待创建进程的父进程，即当前进程。

6.1.1   不可中断挂起

MaQueOS 为用户态下运行的进程提供了键盘输入的服务，对应的是 input 系统调用。input 系统调用的处理由 sys_input 函数完成，sys_input 函数的实现详见代码清单 6.4。进程在用户态下调用 input 系统调用时，需要将存放键盘按键 ASCII 值的缓冲区作为参数传递给 sys_input 函数。

代码清单 6.4   sys_input 函数

```
1      #define PAGE_SIZE 4096
2      #define BUFFER_SIZE PAGE_SIZE
```

```
3    struct queue
4    {
5            int count, head, tail;
6            struct process *wait;
7            char *buffer;
8    };
9    struct queue read_queue;
10
11   int sys_input(char *buf)
12   {
13           if (read_queue.count == 0)
14                   sleep_on(&read_queue.wait);
15           *buf = read_queue.buffer[read_queue.tail];
16           read_queue.tail = ((read_queue.tail) + 1) & (BUFFER_SIZE - 1);
17           read_queue.count--;
18           return 0;
19   }
```

在第 3～8 行中，定义了 read_queue 队列对应的 queue 数据结构，共有 5 个字段：
① count 字段表示队列中的字节数。② head 字段是队列的头指针。③ tail 字段是队列尾指针。④ buffer 字段指向队列的缓存区。⑤ wait 字段指向因该队列为空无法访问而挂起的进程链表。read_queue 队列的初始化在 con_init 函数中完成，con_init 函数（第 2 版）的实现详见代码清单 6.6。

在第 13～14 行中，若 read_queue 队列为空，则调用 sleep_on 函数（见代码清单 6.5），将当前进程设置为不可中断挂起状态（TASK_UNINTERRUPTIBLE），插入因 read_queue 队列为空无法读而挂起的进程链表中。sleep_on 函数的实现详见代码清单 6.5。

在 MaQueOS 中，当按下一个键盘按键后，需要将该按键的 ASCII 值插入 read_queue 队列中，插入过程详见 6.1.2 节。input 系统调用从 read_queue 队列中读取按键的 ASCII 值，并将其返回到进程用户态下的缓冲区中。

在第 15～17 行中，若 read_queue 队列不为空，则从 read_queue 队列的队尾取出 ASCII 值后，写入进程用户态下的缓冲区中。

代码清单 6.5 sleep_on 函数

```
1    #define TASK_UNINTERRUPTIBLE 1
2
3    void sleep_on(struct process **p)
4    {
5            current->state = TASK_UNINTERRUPTIBLE;
6            current->wait_next = *p;
7            *p = current;
8            schedule();
9    }
```

下面对代码清单 6.5 进行说明。

- **第 5 行**：将当前进程设置为不可中断挂起状态（TASK_UNINTERRUPTIBLE）。
- **第 6～7 行**：将当前进程插入因访问共享资源失败而挂起的进程链表中。
- **第 8 行**：调用 schedule 函数，进行进程切换。

代码清单 6.6   con_init 函数（第 2 版）

```
1    void con_init()
2    {
3    (+)        read_queue.count = 0;
4    (+)        read_queue.head = 0;
5    (+)        read_queue.tail = 0;
6    (+)        read_queue.wait = 0;
7    (+)        read_queue.buffer = (char *)get_page();
8
9               x = 0;
10              y = 0;
11   }
```

在第 3～7 行中，本章实验 code6 中的 con_init 函数的第 2 版在第 1 版的基础上增加了对 read_queue 队列进行初始化的功能。

6.1.2   唤醒不可中断挂起进程

本小节以唤醒在代码清单 6.4 的第 14 行中因 read_queue 队列为空无法读而挂起的进程为例，详细介绍唤醒一个不可中断挂起进程的过程。当按下一个键盘按键后，最终由 keyboard_interrupt 函数处理该键盘中断，keyboard_interrupt 函数（第 2 版）的实现详见代码清单 6.7。

代码清单 6.7   keyboard_interrupt 函数（第 2 版）

```
1    #define DMW_MASK 0x9000000000000000UL
2    #define L7A_I8042_DATA (0x1fe00060UL | DMW_MASK)
3
4    void keyboard_interrupt()
5    {
6            unsigned char c;
7
8            c = *(volatile unsigned char *)L7A_I8042_DATA;
9            if (c == 0xf0)
10             {
11                     c = *(volatile unsigned char *)L7A_I8042_DATA;
12                     return;
13             }
14   (-)        do_keyboard(c);
15   (+)        put_queue(keys_map[c]);
16   }
```

在第 14～15 行中，本章实验 code6 中的 keyboard_interrupt 函数的第 2 版在第 1 版的基础上，删除了第 3 章中对按下的按键的 ASCII 值的处理，增加了调用 put_queue 函数（详见代码清单 6.8）将按下的按键的 ASCII 值插入 read_queue 队列的操作。

代码清单 6.8   put_queue 函数

```
1    #define PAGE_SIZE 4096
2    #define BUFFER_SIZE PAGE_SIZE
3
4    void put_queue(char c)
5    {
```

```
 6              if (!c)
 7                      return;
 8              if (read_queue.count == BUFFER_SIZE)
 9                      return;
10              read_queue.buffer[read_queue.head] = c;
11              read_queue.head = (read_queue.head + 1) & (BUFFER_SIZE - 1);
12              read_queue.count++;
13              wake_up(&read_queue.wait);
14      }
```

下面对代码清单 6.8 进行说明。

- 第 6～7 行：若 ASCII 值为 0，表示当前按下的按键的扫描码在 keys_map 数组中对应的值为 0，则不处理该按键。
- 第 8～9 行：若 read_queue 队列已满，则不处理该按键，直接返回。
- 第 10～12 行：将按下的按键的 ASCII 值插入 read_queue 队列中。
- 第 13 行：调用 wake_up 函数（详见代码清单 6.9），唤醒在代码清单 6.4 的第 14 行中被挂起的进程。wake_up 函数的实现详见代码清单 6.9。当 schedule 函数切换到该进程时，该进程开始运行代码清单 6.4 的第 15 行中的代码，从 read_queue 队列的队尾取出 ASCII 值后，写入进程用户态下的缓冲区中。

代码清单 6.9　wake_up 函数

```
 1      #define TASK_RUNNING 0
 2
 3      void wake_up(struct process **p)
 4      {
 5              struct process *first;
 6
 7              first = *p;
 8              if (!first)
 9                      return;
10              *p = first->wait_next;
11              first->wait_next = 0;
12              first->state = TASK_RUNNING;
13      }
```

下面对代码清单 6.9 进行说明。

- 第 7～9 行：获取因访问共享资源失败而挂起的进程链表中的第 1 个进程，若该进程不存在，则直接返回。
- 第 10～11 行：若该进程存在，则将其从进程链表中删除。
- 第 12 行：将该进程的状态设置为可运行状态（TASK_RUNNING），即唤醒该进程。

6.2　可中断挂起与唤醒

在 MaQueOS 中，进程的挂起分为不可中断挂起和可中断挂起。上一节详细介绍了不可中断挂起与唤醒，本节介绍可中断挂起与唤醒。可中断挂起和不可中断挂起的区别是：处于不可中断挂起状态（TASK_UNINTERRUPTIBLE）的进程不可以被信号唤醒，但是处于可中断挂起状态（TASK_INTERRUPTIBLE）的进程可以被信号唤醒。

MaQueOS 为用户态下运行的进程提供了进入可中断挂起状态的服务，该服务对应的是 pause 系统调用。pause 系统调用的处理由 sys_pause 函数完成，sys_pause 函数的实现详见代码清单 6.10。

代码清单 6.10   sys_pause 函数

```
1    #define TASK_INTERRUPTIBLE 2
2
3    int sys_pause()
4    {
5            current->state = TASK_INTERRUPTIBLE;
6            schedule();
7            return 0;
8    }
```

在第 5~6 行中，将当前进程设置为可中断挂起状态（TASK_INTERRUPTIBLE）后，调用 schedule 函数进行进程切换。当某个进程处于可中断挂起状态（TASK_INTERRUPTIBLE）时，只能由该进程的子进程在终止过程中唤醒。唤醒过程详见 6.3.1 节。

6.3   进程终止

如代码清单 6.1 所示，为了支持进程的终止，本章实验 code6 中 process 数据结构的第 3 版在第 2 版的基础上增加了 2 个字段：father 字段和 signal_exit 字段。进程 0 的进程描述符中的这两个字段在 process_init 函数中初始化，process_init 函数的实现详见代码清单 6.2。通过 fork 系统调用创建的进程的进程描述符中的这两个字段在 sys_fork 函数中初始化，sys_fork 函数的实现详见代码清单 6.3。

6.3.1   exit 系统调用

MaQueOS 为用户态下运行的进程提供了终止运行的服务，对应的是 exit 系统调用。exit 系统调用的处理由 sys_exit 函数完成，sys_exit 函数的实现详见代码清单 6.11。

代码清单 6.11   sys_exit 函数（第 1 版）

```
1    #define TASK_EXIT 3
2
3    int sys_exit()
4    {
5            current->state = TASK_EXIT;
6            tell_father();
7            schedule();
8            return 0;
9    }
```

下面对代码清单 6.11 进行说明。
- **第 5 行**：将当前进程的状态设置为终止状态（TASK_EXIT），表示进程已经终止运行。
- **第 6 行**：调用 tell_father 函数，向父进程发送终止信号。tell_father 函数的实现详见代码清单 6.12。
- **第 7 行**：调用 schedule 函数，进行进程切换。

代码清单 6.12　tell_father 函数

```
1    #define TASK_RUNNING 0
2    #define TASK_INTERRUPTIBLE 2
3
4    void tell_father()
5    {
6            current->father->signal_exit = 1;
7            if (current->father->state == TASK_INTERRUPTIBLE)
8                    current->father->state = TASK_RUNNING;
9    }
```

下面对代码清单 6.12 进行说明。

- **第 6 行**：将待终止进程的父进程的进程描述符中的 signal_exit 字段设置为 1。
- **第 7~8 行**：若父进程的状态为可中断挂起状态（TASK_INTERRUPTIBLE），则将父进程的状态设置为可运行状态（TASK_RUNNING），即唤醒父进程。

6.3.2　释放进程资源

父进程从内核态返回用户态的过程中，调用 user_exception_ret 函数处理子进程发送的终止信号。user_exception_ret 函数（第 3 版）的实现详见代码清单 6.13。

代码清单 6.13　user_exception_ret 函数（第 3 版）

```
1     #define CSR_PRMD 0x1
2     #define CSR_ERA 0x6
3     #define STACK_SIZE 0xf8
4     #define CSR_SAVE0 0x30
5
6     user_exception_ret:
7     (+)     bl do_signal
8             ori $t0, $r0, 0x7
9             csrwr $t0, CSR_PRMD
10            ld.d $t0, $sp, 0xf0
11            csrwr $t0, CSR_ERA
12            store_load_regs ld.d
13            addi.d $sp, $sp, STACK_SIZE
14            csrwr $sp, CSR_SAVE0
15            ertn
```

在**第 7 行**中，在本章实验 code6 中的 user_exception_ret 函数的第 3 版中，通过调用 do_signal 函数，在第 2 版的基础上增加了对终止信号的处理功能。do_signal 函数的实现详见代码清单 6.14。

代码清单 6.14　do_signal 函数

```
1    #define TASK_EXIT 3
2    #define NR_PROCESS 64
3
4    void do_signal()
5    {
6            int i;
7
```

```
8                if (current->signal_exit)
9                {
10                       for (i = 1; i < NR_PROCESS; i++)
11                              if (process[i] && process[i]->father == current &&
                                      process[i]->  state == TASK_EXIT)
12                                      free_process(process[i]);
13                       current->signal_exit = 0;
14               }
15       }
```

在第 8～14 行中，若当前进程收到子进程发送的进程终止信号，则通过第 10～12 行的代码遍历 process 数组，查找到当前进程的待终止的子进程后，调用 free_process 函数释放该子进程占用的资源，free_process 函数的实现详见代码清单 6.15。在第 13 行中，将当前进程的进程描述符中的 signal_exit 字段重新设置为 0。

代码清单 6.15   free_process 函数

```
1    void free_process(struct process *p)
2    {
3            int pid;
4
5            pid = p->pid;
6            free_page_table(p);
7            free_page(p->page_directory);
8            free_page((unsigned long)p);
9            process[pid] = 0;
10   }
```

下面对代码清单 6.15 进行说明。

- **第 5 行**：获取待终止进程的进程号。
- **第 6 行**：调用 free_page_table 函数，释放待终止进程的二级页表结构，free_page_table 函数的实现详见代码清单 6.16。
- **第 7 行**：调用 free_page 函数，释放待终止进程的页目录占用的物理页。
- **第 8 行**：调用 free_page 函数，释放待终止进程的进程描述符和内核栈占用的物理页。
- **第 9 行**：将待终止进程占用的 process 数组的项设置为 0。至此，待终止进程彻底被终止。

代码清单 6.16   free_page_table 函数（第 1 版）

```
1    #define ENTRYS 512
2    #define DMW_MASK 0x9000000000000000UL
3
4    void free_page_table(struct process *p)
5    {
6            unsigned long pd, pt;
7            unsigned long *pde, *pte;
8            unsigned long page;
9
10           pd = p->page_directory;
11           pde = (unsigned long *)pd;
12           for (int i = 0; i < ENTRYS; i++, pde++)
13           {
```

```
14                          if (*pde == 0)
15                                  continue;
16                  pt = *pde | DMW_MASK;
17                  pte = (unsigned long *)pt;
18                  for (int j = 0; j < ENTRYS; j++, pte++)
19                  {
20                          if (*pte == 0)
21                                  continue;
22                          page = (~0xfffUL & *pte) | DMW_MASK;
23                          free_page(page);
24                          *pte = 0;
25                  }
26                  free_page(*pde | DMW_MASK);
27                  *pde = 0;
28          }
29  }
```

下面对代码清单 6.16 进行说明。

- **第 10~11 行**：获取进程页目录中的起始页目录项在内核态下的虚拟地址。
- **第 12~28 行**：循环遍历页目录中的所有页目录项。
- **第 14~15 行**：若当前页目录项中的值为 0，则跳过该页目录项。
- **第 16~17 行**：若当前页目录项中的值不为 0，则获取该页目录项指向的页表中的起始页表项在内核态下的虚拟地址。
- **第 18~25 行**：循环遍历进程页表中的所有页表项。
- **第 20~21 行**：若当前页表项中的值为 0，则跳过该页表项。
- **第 22~24 行**：若当前页表项中的值不为 0，则释放物理页。其中，**第 22 行**的代码获取该页表项中指向的物理页在内核态下的虚拟地址。**第 23 行**的代码调用 free_page 函数，释放该物理页。**第 24 行**的代码将当前页表项的内容设置为 0。
- **第 26~27 行**：释放页表。在**第 26 行**中，当前页目录项指向的页表中的所有页表项对应的物理页释放完成后，调用 free_page 函数，释放该页表占用的物理页。在**第 27 行**中，将当前页目录项的内容设置为 0。

6.4 本章实例

在本章实验 code6 中，共有以下 3 个进程：

1）进程 0 负责创建进程 1。本章实验 code6 中 schedule 函数的第 2 版在第 1 版的基础上修改了调度策略，例如，进程 0 不再参与进程调度等，schedule 函数（第 2 版）的实现详见代码清单 6.17。

2）进程 1 负责创建进程 2，并且在进程 2 终止运行后，负责释放进程 2 占用的资源。

3）进程 2 通过调用 output 和 input 系统调用，将用户按下的按键对应的字符显示到显示器上。

进程 0、进程 1 和进程 2 运行的二进制可执行代码对应的汇编程序 proc0.S 如代码清单 6.18 所示。

代码清单 6.17　schedule 函数（第 2 版）

```
 1    #define NR_PROCESS 64
 2    #define TASK_RUNNING 0
 3    #define PROC_COUNTER 5
 4    #define DMW_MASK 0x9000000000000000UL
 5    #define CSR_PGDL 0x19
 6
 7    void schedule()
 8    {
 9            int pid = 0;
10            int i;
11            struct process *old;
12
13    (-)     for (i = 0; i < NR_PROCESS; i++)
14    (+)     for (i = 1; i < NR_PROCESS; i++)
15            {
16    (-)       if (!process[i] || process[i]->counter == 0)
17    (+)       if (!process[i] || process[i]->state != TASK_RUNNING || process[i]->
                    counter == 0)
18                          continue;
19              pid = process[i]->pid;
20              break;
21            }
22            if (i == NR_PROCESS)
23            {
24                    for (i = 0; i < NR_PROCESS; i++)
25                    {
26    (-)               if (!process[i])
27    (+)               if (!process[i] || process[i]->state != TASK_RUNNING)
28                              continue;
29                      process[i]->counter = PROC_COUNTER;
30                      pid = process[i]->pid;
31                    }
32            }
33            if (current->pid == pid)
34                    return;
35            old = current;
36            current = process[pid];
37            write_csr_64(current->page_directory & ~DMW_MASK,
                    CSR_PGDL);
38            invalidate();
39            switch(&old->context, &current->context);
40    }
```

下面对代码清单 6.17 进行说明。

- **第 13～14 行**：进程 0 不再参与进程调度。当系统中没有处于可运行状态（TASK_ RUNNING）的进程时，运行进程 0。
- **第 16～17 行**：只有处于可运行状态，并且还有剩余时间片的进程，才能被调度运行。
- **第 26～27 行**：只给处于可运行状态，并且时间片用完的进程，重新分配时间片。

代码清单 6.18　proc0.S 汇编程序

```
1    #define NR_fork 0
2    #define NR_input 1
3    #define NR_output 2
4    #define NR_exit 3
5    #define NR_pause 4
6    .macro syscall0 A7
7            ori $a7, $r0, \A7
8            syscall 0
9     .endm
10    .macro syscall1_a A7, A0
11            la $a0, \A0
12            ori $a7, $r0, \A7
13            syscall 0
14    .endm
15
16            .globl start
17    start:
18            syscall0 NR_fork
19            bnez $a0, proc0_pause
20    proc1:
21            syscall0 NR_fork
22            bnez $a0, proc1_pause
23    proc2:
24            syscall1_a NR_output, str
25    read:
26            syscall1_a NR_input, char
27            syscall1_a NR_output, char
28            la $t0, char
29            ld.b $t0, $t0, 0
30            ori $t1, $r0, 13
31            bne $t0, $t1, read
32            syscall0 NR_exit
33    proc1_pause:
34            syscall0 NR_pause
35            b proc1
36    proc0_pause:
37            syscall0 NR_pause
38            b proc0_pause
39
40    str:
41            .string "xtsh# "
42    char:
43            .byte 0
```

下面对代码清单 6.18 进行说明。

- **第 18~19 行**：进程 0 调用 fork 系统调用，创建进程 1；根据返回值，进程 0 和进程 1 运行各自的代码。

- **第 21 行**：进程 1 调用 fork 系统调用，创建进程 2；根据返回值，进程 1 和进程 2 运行各自的代码。

- **第 23~32 行**：进程 2 运行的代码。其中，**第 24 行**的代码调用 output 系统调用，在显示器上显示字符串 "xtsh#"。MaQueOS 为用户态下运行的进程提供了在显示器上显示字符串的服务，对应的是 output 系统调用。output 系统调用的处理由 sys_output 函数完成，sys_output 函数的实现详见代码清单 6.19。sys_output 函数的参数为待显示字符串在用户态下的地址。**第 26 行**的代码调用 input 系统调用，将用户按下的按键的 ASCII 值存放到 char（定义在第 42~43 行）中。**第 27 行**的代码调用 output 系统调用，将按键对应的字符显示到显示器上。**第 28~32 行**的代码表示，若按下的按键是回车键（ASCII 值为 13），则跳转到第 32 行，调用 exit 系统调用，进程 2 终止运行；否则，运行第 26 行中的代码，继续调用 input 系统调用，等待用户按键。

- **第 33~35 行**：进程 1 运行的代码。进程 1 调用 pause 系统调用，将自己挂起。当收到进程 2 的终止信号，释放进程 2 占用的资源后，跳转到第 21 行，调用 fork 系统调用，创建子进程。

- **第 36~38 行**：进程 0 运行的代码。进程 0 调用 pause 系统调用，将自己挂起。当收到进程 1 的终止信号，释放进程 1 占用的资源后，继续调用 pause 系统调用，将自己挂起。

代码清单 6.19　sys_output 函数

```
1    int sys_output(char *buf)
2    {
3            printk(buf);
4            return 0;
5    }
```

在**第 3 行**中，调用 printk 函数在显示器上显示 buf 中存放的字符串内容。

6.5　本章任务

1. 详述 4 种进程状态间所有的转变过程。

2. 在 process 数据结构中增加 children 字段，将所有子进程用链表链接起来。之后，优化 do_signal 函数中查找待终止子进程的过程，并测试优化后查找速度提升的程度。

3. 实现 wait 系统调用，用于检测所有子进程是否已被彻底终止。若已被彻底终止，则返回 1，否则返回 0。

4. 实现 kill 系统调用，用于父进程终止所有后代进程。

5. 验证 MaQueOS 中进程挂起和唤醒的有效性。

第7章 硬盘驱动

本章首先介绍 SATA 硬盘的接口标准 AHCI，然后基于 AHCI 接口标准，分别描述 SATA 硬盘的初始化和读写过程。在读写硬盘过程中涉及的硬盘中断处理过程类似于第 3 章介绍的键盘中断处理过程。最后，为了给应用程序提供直接从磁盘读或者向磁盘写数据的功能，MaQueOS 分别实现了 2 个临时系统调用：read_disk 和 write_disk。为了验证 SATA 硬盘驱动功能的正确性，基于这 2 个系统调用，本章实验 code7 首先通过修改进程 0 的程序代码，使其创建进程 1；然后，由进程 1 通过调用 read_disk 系统调用，从硬盘的 0 号扇区读取字符串 "xtsh#" 后，显示到显示器上；最后，通过调用 write_disk 系统调用，将从键盘输入的字符写到硬盘的 0 号扇区后，再次读取该字符，并显示到显示器上。

7.1 初始化硬盘

串行先进技术附件（Serial Advanced Technology Attachment，SATA）是当前主流的硬盘接口标准。高级主机控制器接口（Advanced Host Controller Interface，AHCI）是一个用于处理 SATA 硬盘的接口，最多可以支持 32 个端口（port0～port31），每个端口可以连接 1 个 SATA 硬盘，如图 7.1 所示。MaQueOS 的硬盘驱动仅支持 1 个 SATA 硬盘，并使用 port0 作为连接该硬盘的端口。主机总线适配器（Host Bus Adapter，HBA）是 1 个支持 AHCI 接口的控制器，操作系统通过读写 HBA 寄存器来初始化和读写 SATA 硬盘。

图 7.1 AHCI

HBA 寄存器包括 2 部分：1 组通用控制寄存器和 32 组端口控制寄存器，它们的布局如图 7.2 所示。其中，端口控制寄存器中的 CLB（Command List Base Address，命令列表基地址）寄存器用于存放命令列表（Command List）的起始地址。命令列表由 32 个条目组成，每个条目包含一个命令头（Command Header），命令头中的 CTBA（Command Table Base Address，命令体基地址）寄存器用于存放命令体（Command Table）的起始地址。每个命令体包含 1 个命令帧信息结构（Command Frame Information Structure，CFIS）和 1 个物理地址描述表（Physical Region Descriptor Table，PRDT）。其中，每个 PRDT 最多支持 65 536 项（Item0～Item65 535）。

在 main 函数中，通过调用 disk_init 函数和 excp_init 函数，完成 SATA 硬盘的初始化，main 函数（第 5 版）的实现详见代码清单 7.1。SATA 硬盘的初始化分为 2 部分：硬盘初始化和硬盘中断初始化。其中，硬盘初始化由 disk_init 函数完成，disk_init 函数的实现详见代码清单 7.2；硬盘中断初始化由 excp_init 函数实现，excp_init 函数（第 4 版）的实现详见代码清单 7.3。

代码清单 7.1   main 函数（第 5 版）

```
1     #define CSR_PRMD 0x1
2     #define CSR_ERA 0x6
3     #define CSR_PRMD_PPLV (3UL << 0)
4     #define CSR_PRMD_PIE (1UL << 2)
5     #define VMEM_SIZE (1UL << (9 + 9 + 12))
6
7     void main()
8     {
9            mem_init();
10           con_init();
11    (+)    disk_init();
12           excp_init();
13           process_init();
14           int_on();
15           asm volatile(
16                   "csrwr %0, %1\n"
17                   "csrwr $r0, %2\n"
18                   "li.d $sp, %3\n"
19                   "ertn\n"
20                   :
21                   : "r"(CSR_PRMD_PPLV | CSR_PRMD_PIE),
                        "i"(CSR_PRMD), "i"(CSR_ERA), "i"(VMEM_SIZE));
22    }
```

在**第 11 行**中，本章实验 code7 中 main 函数的第 5 版在第 4 版的基础上增加了对硬盘的初始化。

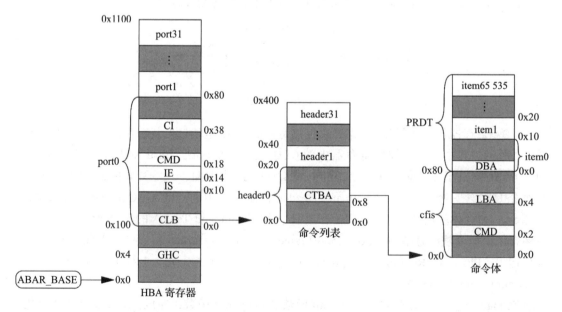

图 7.2   HBA 寄存器

代码清单 7.2 disk_init 函数

```
1    #define NR_BUFFER 16
2    #define BLOCK_SIZE 512
3    #define DMW_MASK 0x9000000000000000UL
4    #define HBA_REGS_BASE (0x41044000UL | DMW_MASK)
5    #define HBA_GHC (HBA_REGS_BASE + 0x4)
6    #define HBA_GHC_IE (1UL << 1)
7    #define HBA_PORT0_BASE (HBA_REGS_BASE + 0x100)
8    #define HBA_PORT0_IE (HBA_PORT0_BASE + 0x14)
9    #define HBA_PORT0_IE_DHRE (1UL << 0)
10   #define HBA_PORT0_CMD (HBA_PORT0_BASE + 0x18)
11   #define HBA_PORT0_CMD_ST (1UL << 0)
12   #define HBA_PORT0_CMD_FRE (1UL << 4)
13   struct buffer
14   {
15           char *data;
16           short blocknr;
17   };
18   struct buffer buffer_table[NR_BUFFER];
19
20   void disk_init(void)
21   {
22           char *block_data = 0;
23           int i;
24
25           for (i = 0; i < NR_BUFFER; i++, block_data += BLOCK_SIZE)
26           {
27                   buffer_table[i].blocknr = -1;
28                   if (i % 8 == 0)
29                           block_data = (char *)get_page();
30                   buffer_table[i].data = block_data;
31           }
32           *(unsigned int *)(HBA_PORT0_CMD) |= HBA_PORT0_CMD_FRE;
33           *(unsigned int *)(HBA_PORT0_CMD) |= HBA_PORT0_CMD_ST;
34           *(unsigned int *)(HBA_GHC) |= HBA_GHC_IE;
35           *(unsigned int *)(HBA_PORT0_IE) |= HBA_PORT0_IE_DHRE;
36   }
```

下面对代码清单 7.2 进行说明。

- **第 25～31 行**：遍历 buffer_table 数组，初始化内存缓冲区。MaQueOS 通过将硬盘中的数据以数据块为单位暂存于内存缓冲区中，从而加快访问硬盘数据的速度。内存缓冲区由 512B 大小的缓冲块组成。MaQueOS 总共支持 16 个（NR_BUFFER）缓冲块，每个缓冲块对应 1 个 buffer 数据结构（具体定义见第 13～17 行）。buffer 数据结构包含 2 个字段：① data 字段，指向该缓冲块在内存中占用空间的起始地址；② blocknr 字段，表示该缓冲块中存放的数据在硬盘上对应数据块⊖的块号。该字段初始化的值为 –1，表示该缓冲块空闲。所有缓冲块存放在 buffer_table 数组（具体定义见第 18 行）中。

- **第 32～33 行**：将 prot0 的 CMD（Command）寄存器的 ST 字段和 FRE 字段设置为 1，使能 port0，使其能够处理命令列表。为了提升代码的可阅读性，MaQueOS 在硬盘驱

⊖ 在 MaQueOS 中，硬盘的 1 个扇区对应 1 个硬盘数据块。

动程序中定义了大量的宏，用于表示 HBA 寄存器。例如，HBA_PORT0_CMD 表示 prot0 的控制寄存器中的 CMD 寄存器，对应关系如图 7.2 所示。

- **第 34 行**：将 GHC（Global HBA Control，全局 HBA 控制）寄存器的 IE 字段设置为 1（HBA_GHC_IE），使能 HBA 全局中断。
- **第 35 行**：将 port0 的 IE（Interrupt Enable，中断使能）寄存器设置为 1（HBA_PORT0_IE_DHRE），使能 port0 中断。

代码清单 7.3　excp_init 函数（第 4 版）

```
 1    #define DMW_MASK 0x9000000000000000UL
 2    #define CSR_TCFG_EN (1UL << 0)
 3    #define CSR_TCFG_PER (1UL << 1)
 4    #define CSR_TCFG 0x41
 5    #define CSR_EENTRY 0xc
 6    #define CSR_ECFG_LIE_TI (1UL << 11)
 7    #define CSR_ECFG 0x4
 8    #define CSR_ECFG_LIE_HWI0 (1UL << 2)
 9    #define CSR_TLBRENTRY 0x88
10    #define L7A_SPACE_BASE (0x10000000UL | DMW_MASK)
11    #define L7A_INT_MASK (L7A_SPACE_BASE + 0x020)
12    #define L7A_HTMSI_VEC (L7A_SPACE_BASE + 0x200)
13    #define KEYBOARD_IRQ 3
14    #define KEYBOARD_IRQ_HT 0
15    #define IOCSR_EXT_IOI_EN 0x1600
16    #define CC_FREQ 4
17    #define SATA_IRQ 19
18    #define SATA_IRQ_HT 1
19
20    void excp_init()
21    {
22            unsigned int val;
23
24            val = read_cpucfg(CC_FREQ);
25            write_csr_64((unsigned long)val | CSR_TCFG_EN |CSR_TCFG_PER, CSR_
                  TCFG);
26            write_csr_64((unsigned long)exception_handler, CSR_EENTRY);
27            write_csr_64((unsigned long)tlb_handler, CSR_TLBRENTRY);
28  (-)       *(volatile unsigned long *)(L7A_INT_MASK) = ~(0x1UL << KEYBOARD_
                  IRQ);
29  (+)       *(volatile unsigned long *)(L7A_INT_MASK) = ~(0x1UL << KEYBOARD_
                  IRQ | 0x1UL << SATA_IRQ);
30            *(volatile unsigned char *)(L7A_HTMSI_VEC + KEYBOARD_IRQ) =
                  KEYBOARD_IRQ_HT;
31  (+)       *(volatile unsigned char *)(L7A_HTMSI_VEC + SATA_IRQ) = SATA_IRQ_
                  HT;
32  (-)       write_iocsr(0x1UL << KEYBOARD_IRQ_HT, IOCSR_EXT_IOI_EN);
33  (+)       write_iocsr((0x1UL << KEYBOARD_IRQ_HT | 0x1UL << SATA_IRQ_HT),
                  IOCSR_EXT_IOI_EN);
34            write_csr_32(CSR_ECFG_LIE_TI | CSR_ECFG_LIE_HWI0, CSR_ECFG);
35    }
```

在第 28～33 行中，本章实验 code7 中 excp_init 函数的第 4 版在第 3 版的基础上增加了对硬盘中断的使能。硬盘中断的使能过程与键盘中断的使能过程类似，实现原理详见第 3 章。

7.2　读写硬盘

在初始化完成后，只需要将读写命令写入指定的 HBA 寄存器，HBA 就会执行硬盘读写命令，并在完成硬盘读写操作后，发送硬盘中断信号。

7.2.1　发送读写命令

rw_disk_block 函数是硬盘驱动提供的读写硬盘数据块的接口，需要为其传递 3 个参数：

1）rw：读写命令，若值为 0x25，表示读；若值为 0x35，表示写。

2）blocknr：需要读写的数据块的块号。

3）buf：指向缓冲块，若是写操作，则缓冲块中存放需要向硬盘写的数据；若是读操作，则用来存放从硬盘中读取的数据。

rw_disk_block 函数的实现详见代码清单 7.4。

代码清单 7.4　rw_disk_block 函数

```
1    struct request
2    {
3            int update;
4            struct process *wait;
5    };
6    struct request request;
7
8    void rw_disk_block(int rw, short blocknr, char *buf)
9    {
10           request.update = 0;
11           rw_disk(blocknr, buf, rw);
12           if (!request.update)
13                   sleep_on(&request.wait);
14   }
```

下面对代码清单 7.4 进行说明。

- 第 10 行：将 request 全局变量中的 update 字段设置为 0。在 MaQueOS 中定义了一个 request 数据结构（定义详见第 1～5 行），该数据结构用于对硬盘进行读写操作，包含 2 个字段：① update 字段，在读写操作开始前，将该字段的值设置为 0。当读写操作完成后，在硬盘中断处理函数 disk_interrupt 中，将该字段的值设置为 1，表示读写操作已完成，设置过程详见 7.2.2 节。② wait 字段，该字段指向因硬盘上锁无法读写而挂起的进程。
- 第 11 行：调用 rw_disk 函数，发送读写命令，rw_disk 函数的实现详见代码清单 7.5。
- 第 12～13 行：若 request 全局变量中的 update 字段的值为 0，表示读写操作未完成，则调用 sleep_on 函数，将当前进程挂起。当读写操作完成后，在硬盘中断处理函数 disk_interrupt 中唤醒该进程。

代码清单 7.5   rw_disk 函数

```
1    #define DMW_MASK 0x9000000000000000UL
2    #define HBA_REGS_BASE (0x41044000UL | DMW_MASK)
3    #define HBA_PORT0_BASE (HBA_REGS_BASE + 0x100)
4    #define HBA_PORT0_IS (HBA_PORT0_BASE + 0x10)
5    #define HBA_PORT0_CI (HBA_PORT0_BASE + 0x38)
6    #define HBA_PORT0_CLB (HBA_PORT0_BASE + 0x0)
7    #define HBA_PORT0_CL_BASE (*(unsigned long *)(HBA_PORT0_CLB) | DMW_MASK)
8    #define HBA_PORT0_CL_HEADER0_BASE (HBA_PORT0_CL_BASE + 0x0)
9    #define HBA_PORT0_CL_HEADER0_CTBA (HBA_PORT0_CL_HEADER0_BASE + 0x8)
10   #define HBA_PORT0_CL_HEADER0_CT_BASE (*(unsigned long *)(HBA_PORT0_CL_
         HEADER0_CTBA) | DMW_MASK)
11   #define HBA_PORT0_CL_HEADER0_CT_CFIS_BASE (HBA_PORT0_CL_HEADER0_CT_BASE +
         0x0)
12   #define HBA_PORT0_CL_HEADER0_CT_CFIS_CMD (HBA_PORT0_CL_HEADER0_CT_CFIS_BASE
         + 0x2)
13   #define HBA_PORT0_CL_HEADER0_CT_CFIS_LBA (HBA_PORT0_CL_HEADER0_CT_CFIS_BASE
         + 0x4)
14   #define HBA_PORT0_CL_HEADER0_CT_ITEM0_BASE (HBA_PORT0_CL_HEADER0_CT_BASE +
         0x80)
15   #define HBA_PORT0_CL_HEADER0_CT_ITEM0_DBA (HBA_PORT0_CL_HEADER0_CT_ITEM0_
         BASE + 0x0)
16   #define HBA_PORT0_IS_DHRS (1UL << 0)
17
18   void rw_disk(unsigned short blocknr, char *buf, int rw)
19   {
20          *(unsigned int *)(HBA_PORT0_IS) = HBA_PORT0_IS_DHRS;
21          *(unsigned long *)(HBA_PORT0_CL_HEADER0_CT_ITEM0_DBA) = (unsigned
                long)buf &~DMW_MASK;
22          *(unsigned short *)(HBA_PORT0_CL_HEADER0_CT_CFIS_LBA) = blocknr;
23          *(unsigned char *)(HBA_PORT0_CL_HEADER0_CT_CFIS_CMD) = rw;
24          *(unsigned int *)(HBA_PORT0_CI) = 1;
25   }
```

下面对代码清单 7.5 进行说明。

- 第 20 行：将 port0 的 IS 寄存器中的 DHRS 字段设置为 1。只有当该字段、port0 的
  IE 寄存器和 GHC 寄存器的 IE 字段都设置为 1 时，才能使能 port0 中断。后 2 个寄存
  器的设置详见代码清单 7.2 的第 34～35 行。
- 第 21～23 行：通过写 port0 的命令体，进行读写命令前的设置。其中，在第 21 行
  中，将缓冲块的起始物理地址赋值给 PRDT 第 0 项（item0）中的 DBA（Data Base
  Address，数据基地址）寄存器。在第 22 行中，将数据块的块号赋值给 CFIS 中的
  LBA（Logical Block Addressing，逻辑块寻址）寄存器。在第 23 行中，将读写命令赋
  值给 CFIS 中的 CMD 寄存器。
- 第 24 行：将 port0 的 CI（Command Issue，命令发出）寄存器设置为 1，发送读写
  命令。

7.2.2   硬盘中断处理

当硬盘读写操作完成后，如图 7.3 所示，7A 桥片中断控制器接收到向量号为 19 的硬盘

中断信号。之后，7A 桥片中断控制器通过 HT 总线向 3A 处理器的 HT 控制器发送 HT 消息
包。3A 处理器中的扩展 I/O 中断控制器接收到 HT 控制器发送的中断向量号为 1 的 HT 中断
信号后，将该中断信号转发给处理器核。

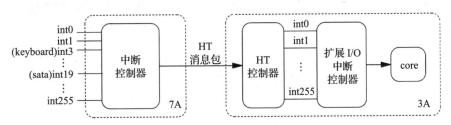

图 7.3　硬盘中断信号传递过程

处理器将 CRMD 寄存器中的 IE 和 PLV 字段保存到 PRMD 寄存器后，将 IE 字段设置为
0 关中断。之后，处理器将中断返回地址保存到 ERA 寄存器，并跳转到 EENTRY 寄存器中
存放的中断处理函数 exception_handler 的入口地址处。exception_handler 函数将中断现场保
存到内核初始化栈后，调用 do_exception 函数进行键盘中断处理。do_exception 函数（第 3
版）的实现详见代码清单 7.6。

代码清单 7.6　do_exception 函数（第 3 版）

```
1    #define CSR_ESTAT 0x5
2    #define CSR_ESTAT_IS_HWI0 (1UL << 2)
3    #define CSR_ESTAT_IS_TI (1UL << 11)
4    #define KEYBOARD_IRQ_HT 0
5    #define SATA_IRQ_HT 1
6    #define IOCSR_EXT_IOI_SR 0x1800
7    #define CSR_TICLR 0x44
8    #define CSR_TICLR_CLR (1UL << 0)
9
10   void do_exception()
11   {
12           unsigned int estat;
13           unsigned long irq;
14
15           estat = read_csr_32(CSR_ESTAT);
16           if (estat & CSR_ESTAT_IS_TI)
17           {
18                   timer_interrupt();
19                   write_csr_32(CSR_TICLR_CLR, CSR_TICLR);
20           }
21           if (estat & CSR_ESTAT_IS_HWI0)
22           {
23                   irq = read_iocsr(IOCSR_EXT_IOI_SR);
24                   if (irq & (1UL << KEYBOARD_IRQ_HT))
25                   {
26                           keyboard_interrupt();
27                           write_iocsr(1UL << KEYBOARD_IRQ_HT, IOCSR_EXT_
                             IOI_SR);
28                   }
29  (+)            if (irq & (1UL << SATA_IRQ_HT))
30  (+)            {
31  (+)                    disk_interrupt();
32  (+)                    write_iocsr(1UL << SATA_IRQ_HT, IOCSR_EXT_IOI_SR);
```

```
33    (+)          }
34                }
35    }
```

在第 29～33 行中，本章实验 code7 中 do_exception 函数的第 3 版在第 2 版的基础上增加了对硬盘中断的处理，最终跳转到 disk_interrupt 函数（详见代码清单 7.7）中进行硬盘中断处理。

代码清单 7.7　disk_interrupt 函数

```
1    void disk_interrupt()
2    {
3            request.update = 1;
4            wake_up(&request.wait);
5    }
```

下面对代码清单 7.7 进行说明。

- **第 3 行**：将 request 全局变量中的 update 字段设置为 1，表示硬盘读写操作已完成。
- **第 4 行**：硬盘读写操作后，唤醒因硬盘上锁无法读写而挂起的进程。

7.3　硬盘读写实例

本节以进程 1 对硬盘进行读写操作为例，详细介绍读写硬盘的过程。进程 0 和进程 1 运行的二进制可执行代码对应的汇编程序 proc0.S 如代码清单 7.8 所示。

代码清单 7.8　proc0.S 汇编程序

```
1    #define NR_fork 0
2    #define NR_input 1
3    #define NR_output 2
4    #define NR_exit 3
5    #define NR_pause 4
6    #define NR_read_disk 5
7    #define NR_write_disk 6
8
9    .macro syscall0 A7
10           ori $a7, $r0, \A7
11           syscall 0
12   .endm
13   .macro syscall1_a A7, A0
14           la $a0, \A0
15           ori $a7, $r0, \A7
16           syscall 0
17   .endm
18
19           .globl start
20   start:
21           syscall0 NR_fork
22           bnez $a0, father
23   child:
24           syscall1_a NR_read_disk, read_buffer
25           syscall1_a NR_output, read_buffer
26   input:
27           syscall1_a NR_input, write_buffer
```

```
28              syscall1_a NR_write_disk, write_buffer
29              syscall1_a NR_read_disk, read_buffer
30              syscall1_a NR_output, read_buffer
31              b input
32  father:
33              syscall0 NR_pause
34              b father
35
36  read_buffer:
37              .fill 512, 1, 0
38  write_buffer:
39              .fill 512, 1, 0
```

下面对代码清单 7.8 进行说明。

- **第 21～22 行**：进程 0 调用 fork 系统调用，创建进程 1；根据返回值，进程 0 和进程 1 运行各自的代码。
- **第 23～31 行**：进程 1 运行的代码。其中，在**第 24～25 行**中，调用 read_disk 系统调用，将硬盘 0 号数据块中的内容读取到 read_buffer 中，读取过程详见 7.3.2 节。之后，调用 output 系统调用，将读取的数据显示到显示器上。在**第 27～28 行**中，调用 input 系统调用，将按键的 ASCII 值读取到 write_buffer 中，并调用 write_disk 系统调用将 write_buffer 中的内容写到硬盘 0 号数据块中，写入过程详见 7.3.3 节。在**第 29～30 行**中，将写入到硬盘中的按键内容显示到显示器上，实现过程同**第 24～25 行**。在**第 31 行**中，跳转到第 27 行，继续调用 input 系统调用，等待用户按键。
- **第 32～34 行**：进程 0 运行的代码，它循环调用 pause 系统调用，将自己挂起。

7.3.1　创建硬盘镜像文件

在本章实验 code7 中，创建了 1 个临时的硬盘镜像文件 xtfs.img。进程在用户态下，通过调用 read_disk 和 write_disk 临时系统调用，对该硬盘中的数据块进行读写操作。MaQueOS 提供了一个用于创建硬盘镜像文件 xtfs.img 的脚本 init_img.sh，init_img.sh 脚本的实现详见代码清单 7.9。

代码清单 7.9　init_img.sh 脚本

```
1  #!/bin/sh
2
3  echo -n "xtsh# " > tmp
4  dd if=/dev/zero of=xtfs.img bs=512 count=4096 2> /dev/null
5  dd if=tmp of=xtfs.img conv=notrunc 2> /dev/null
6  mv xtfs.img ../run
7  rm tmp
```

下面对代码清单 7.9 进行说明。

- **第 3 行**：创建临时文件 tmp，内容为"xtsh#"。
- **第 4 行**：使用 dd 命令，创建内容为空的硬盘镜像文件 xtfs.img，大小为 2MB（4096 × 512），即共有 4096 个数据块。
- **第 5 行**：将 tmp 文件中的内容"xtsh#"写入 xtfs.img 中的 0 号数据块中。因此，如代码清单 7.8 的第 24～25 行所示，在显示器上显示的内容为"xtsh#"。

- 第 6 行：将硬盘镜像文件 xtfs.img 移动到 run 文件夹下。
- 第 7 行：删除临时文件 tmp。

7.3.2　读硬盘

在本章实验 code7 中，为用户态下运行的进程提供了临时的读硬盘服务，对应的是 read_disk 系统调用。read_disk 临时系统调用的处理由 sys_read_disk 函数实现，sys_read_disk 函数的实现详见代码清单 7.10。read_disk 系统调用仅支持以数据块为单位的读操作，并且在用户态下调用 read_disk 系统调用时，需要将用于存放读取数据的缓冲区作为参数传递给 sys_read_disk 函数。

代码清单 7.10　sys_read_disk 函数

```
1    #define BLOCK_SIZE 512
2
3    int sys_read_disk(char *buffer)
4    {
5            char *block;
6
7            block = read_block(0);
8            copy_mem(buffer, block, BLOCK_SIZE);
9            return 0;
10   }
```

下面对代码清单 7.10 进行说明。

- 第 7 行：调用 read_block 函数，获取指向 0 号数据块内容的指针。read_block 函数的实现详见代码清单 7.11。
- 第 8 行：调用 copy_mem 库函数，将 0 号数据块中的内容复制到用户态下的缓冲区中。

代码清单 7.11　read_block 函数

```
1    #define READ 0x25
2
3    char *read_block(short blocknr)
4    {
5            struct buffer *bf;
6
7            lock_disk();
8            bf = find_buffer(blocknr);
9            if (bf)
10             {
11                     unlock_disk();
12                     return bf->data;
13             }
14             bf = get_buffer(blocknr);
15             rw_disk_block(READ, bf->blocknr, bf->data);
16             unlock_disk();
17             return bf->data;
18   }
```

下面对代码清单 7.11 进行说明。

- **第 7 行**：调用 lock_disk 函数（详见代码清单 7.12），对硬盘上锁，防止多个同时进行的读写硬盘操作引发冲突。

- **第 8 行**：调用 find_buffer 函数（详见代码清单 7.13），遍历 buffer_table 数组，查找预读数据块对应的缓冲块。

- **第 9～13 行**：若在 buffer_table 数组中找到预读数据块对应的缓冲块，则调用 unlock_disk 函数（详见代码清单 7.12），解锁硬盘后，返回指向预读数据块内容的指针。

- **第 14 行**：若在 buffer_table 数组中未找到预读数据块对应的缓冲块，则调用 get_buffer 函数（详见代码清单 7.14），从 buffer_table 数组中申请 1 个空闲缓冲块。

- **第 15 行**：调用 rw_disk_block 函数，将硬盘的预读数据块中的内容，读入上一行申请的空闲缓冲块中。读过程详见 7.2.1 节。

- **第 16～17 行**：调用 unlock_disk 函数，将硬盘解锁后，返回指向预读数据块内容的指针。

代码清单 7.12　lock_disk 函数和 unlock_disk 函数

```
1     int disk_lock = 0;
2     struct process *disk_wait = 0;
3
4     void lock_disk()
5     {
6             while (disk_lock)
7                     sleep_on(&disk_wait);
8             disk_lock = 1;
9     }
10    void unlock_disk()
11    {
12            disk_lock = 0;
13            wake_up(&disk_wait);
14    }
```

下面对代码清单 7.12 进行说明。

- **第 6～7 行**：为了对硬盘进行上锁和解锁，MaQueOS 定义了 2 个全局变量：① disk_lock 变量，用于表示硬盘是否已上锁，若值为 1，表示正在对硬盘进行读写操作，硬盘已上锁；若值为 0，表示硬盘未上锁，可以对其进行读写操作。② disk_wait 变量，指向因硬盘上锁无法读写而挂起的进程链表，因此，该链表中存放的是正在等待读写硬盘的进程。

  若全局变量 disk_lock 的值为 1，表示正在对硬盘进行读写操作，则调用 sleep_on 函数将当前进程挂起到因硬盘上锁无法读写而挂起的进程链表 disk_wait 中。

- **第 8 行**：若全局变量 disk_lock 的值为 0，表示允许读写硬盘，因此，将 disk_lock 变量的值设置为 1，对硬盘上锁。

- **第 12～13 行**：当读写硬盘操作完成后，将 disk_lock 变量的值设置为 0，解锁硬盘。之后，调用 wake_up 函数，唤醒在第 7 行中因硬盘上锁无法读写而挂起的进程链表上的第 1 个进程。

代码清单 7.13　find_buffer 函数

```
1    #define NR_BUFFER 16
2
3    struct buffer *find_buffer(short blocknr)
4    {
5            int i;
6
7            for (i = 0; i < NR_BUFFER; i++)
8            {
9                    if (buffer_table[i].blocknr == blocknr)
10                           return &buffer_table[i];
11           }
12           return 0;
13   }
```

下面对代码清单 7.13 进行说明。

- **第 7~11 行**：遍历 buffer_table 数组，对数组中缓冲块的 blocknr 字段和预读数据块的块号进行匹配，若与某缓冲块匹配成功，则返回该缓冲块。
- **第 12 行**：若在 buffer_table 数组中，没有与预读数据块的块号匹配的缓冲块，则返回 0。

代码清单 7.14　get_buffer 函数

```
1    #define NR_BUFFER 16
2    #define WRITE 0x35
3
4    struct buffer *get_buffer(short blocknr)
5    {
6            int i;
7
8            for (i = 0; i < NR_BUFFER; i++)
9            {
10                   if (buffer_table[i].blocknr == -1)
11                   {
12                           buffer_table[i].blocknr = blocknr;
13                           return &buffer_table[i];
14                   }
15           }
16           for (i = 0; i < NR_BUFFER; i++)
17           {
18                   rw_disk_block(WRITE, buffer_table[i].blocknr, buffer_
                       table[i].data);
19                   buffer_table[i].blocknr = -1;
20           }
21           buffer_table[0].blocknr = blocknr;
22           return &buffer_table[0];
23   }
```

下面对代码清单 7.14 进行说明。

- **第 8~15 行**：遍历 buffer_table 数组，若找到 blocknr 字段为 -1 的空闲缓冲块，则将其 blocknr 字段设置为预读数据块的块号，并返回该缓冲块。
- **第 16~20 行**：若未找到 blocknr 字段为 -1 的空闲缓冲块，则循环调用 rw_disk_

block 函数，将 buffer_table 数组中所有缓冲块的内容写回到硬盘对应的数据块中，之后，将所有缓冲块设置为空闲状态。

- **第 21～22 行**：所有缓冲块写回后，将 0 号缓冲块的 blocknr 字段设置为预读数据块的块号，并返回该缓冲块。

7.3.3 写硬盘

在本章实验 code7 中，为用户态下运行的进程提供了临时的写硬盘服务，对应的是 write_disk 系统调用。write_disk 临时系统调用的处理由 sys_write_disk 函数完成，sys_write_disk 函数的实现详见代码清单 7.15。write_disk 系统调用也仅支持以数据块为单位的写操作，并且在用户态下调用 write_disk 系统调用时，需要将用于存放待写数据的缓冲区作为参数，传递给 sys_write_disk 函数。

代码清单 7.15　sys_write_disk 函数

```
1    int sys_write_disk(char *buffer)
2    {
3            write_block(0, buffer);
4            sys_sync();
5            return 0;
6    }
```

下面对代码清单 7.15 进行说明。

- **第 3 行**：调用 write_block 函数，将用户态下的数据写入硬盘的 0 号数据块中。write_block 函数的实现详见代码清单 7.16。
- **第 4 行**：调用 sys_sync 函数，将 buffer_table 数组中所有缓冲块的内容，写回硬盘中对应的数据块。sys_sync 函数的实现详见代码清单 7.17。

代码清单 7.16　write_block 函数

```
1    #define BLOCK_SIZE 512
2
3    void write_block(short blocknr, char *buf)
4    {
5            struct buffer *bf;
6
7            lock_disk();
8            bf = find_buffer(blocknr);
9            if (!bf)
10                   bf = get_buffer(blocknr);
11           copy_mem(bf->data, buf, BLOCK_SIZE);
12           unlock_disk();
13   }
```

下面对代码清单 7.16 进行说明。

- **第 7 行**：给硬盘上锁。
- **第 8～10 行**：调用 find_buffer 函数，遍历 buffer_table 数组，查找预写数据块对应的缓冲块。若在 buffer_table 数组中未找到预写数据块对应的缓冲块，则调用 get_buffer 函数，从 buffer_table 数组中申请 1 个空闲缓冲块。

- 第 11 行：调用 copy_mem 函数，将用户态下的数据写入缓冲块。
- 第 12 行：解锁硬盘。

代码清单 7.17　sys_sync 函数（第 1 版）

```
1    #define NR_BUFFER 16
2    #define WRITE 0x35
3
4    int sys_sync()
5    {
6            int i;
7
8            lock_disk();
9            for (i = 0; i < NR_BUFFER; i++)
10           {
11                   if (buffer_table[i].blocknr != -1)
12                           rw_disk_block(WRITE, buffer_table[i].blocknr,
                                     buffer_table[i]. data);
13           }
14           unlock_disk();
15           return 0;
16   }
```

下面对代码清单 7.17 进行说明。

- 第 8 行：给硬盘上锁。
- 第 9～13 行：遍历 buffer_table 数组，循环调用 rw_disk_block 函数，将非空闲缓冲块中的数据写回硬盘中对应的数据块。
- 第 14 行：解锁硬盘。

7.4　本章任务

1.（系统监测）实时监测每个缓冲块的使用信息，例如，缓冲块正在被哪个进程使用、用于读写硬盘上的哪个数据块，等等，并将结果实时地显示在显示器的下半部分。

2. 对整个硬盘上锁会严重影响性能，尝试减小锁的粒度。例如，将锁的粒度减小到内存缓冲区，甚至缓冲块。

第8章 xtfs文件系统

本章首先介绍 MaQueOS 目前唯一支持的 xtfs 文件系统，包括 xtfs 文件系统的格式，以及涉及的数据结构。然后，详细地描述如何将一个硬盘镜像文件格式化为 xtfs 文件系统，以及将一个普通文件复制到 xtfs 文件系统中的过程。为了给 MaQueOS 制作根文件系统，本章实验 code8 实现了 2 个用于制作 xtfs 文件系统的工具：format 和 copy。其中，format 工具的作用是将一个硬盘镜像文件格式化为 xtfs 文件系统格式，copy 工具的作用是把一个文件复制到 xtfs 文件系统中。在实验中，首先创建一个硬盘镜像文件 xtfs.img，然后利用 format 工具将其格式化为 xtfs 文件系统格式，最后使用 copy 工具把一个常规文件 hello 复制到 xtfs.img 的 xtfs 文件系统中。

8.1 xtfs 文件系统概述

在操作系统中，文件系统的主要作用是组织、管理存放在硬盘上的文件。在使用硬盘存放文件之前，需要将硬盘格式化为某种文件系统格式。MaQueOS 支持 xtfs 文件系统格式。在 xtfs 文件系统中，文件的数据存储在数据块中，数据块的大小为 512B。如图 8.1 所示，在 xtfs 文件系统中，除了存放数据的数据块，还有 2 个用于管理文件的数据块：0 号数据块和 1 号数据块。

1）0 号数据块：在 xtfs 文件系统中，使用 inode 数据结构管理文件，每个文件对应 1 个 inode 数据结构，所有 inode 数据结构存放在 inode 表中。如图 8.1 所示，inode 表存储在 0 号数据块中。在 xtfs 文件系统中，inode 数据结构的大小为 16B，又因为 1 个数据块的大小为 512B，所以 xtfs 文件系统最多支持 512 ÷ 16 = 32 个文件。

2）1 号数据块：在 xtfs 文件系统中，使用数据块位图表示数据块的占用情况，若数据块位图中的比特为 1，则表示对应的数据块已被占用；若为 0，则表示数据块处于空闲状态。如图 8.1 所示，数据块位图存放在 1 号数据块中。因此，xtfs 文件系统总共支持 512 × 8 = 4096 个数据块，其中，数据块的编号从 0 开始。所以，在 xtfs 文件系统中最多可以存放 4096 × 512B = 2MB 数据。

图 8.1　xtfs 文件系统的结构布局

8.2 格式化 xtfs 文件系统

如前所述，在使用硬盘前，需要对其进行格式化。因为 MaQueOS 支持的 xtfs 文件系统格式的大小为 2MB，因此在本节中，首先创建 1 个大小为 2MB 的硬盘镜像文件 xtfs.img。
创建与查看 xtfs.img 文件的命令如下：

```
1    dd if=/dev/zero of=xtfs.img bs=512 count=4096 2> /dev/null
2    hexdump -C xtfs.img
```

其中：

- 第 1 行：使用 dd 命令，创建内容为空的硬盘镜像文件 xtfs.img，大小为 $4096 \times 512B =$ 2MB，即共有 4096 个数据块。
- 第 2 行：使用 hexdump 查看 xtfs.img 中的内容，结果如下所示：

```
1    00000000  00 00 00 00 00 00 00 00  00 00 00 00 00 00 00 00  |........|
2    *
3    00200000
```

8.2.1　格式化 xtfs.img

本小节以格式化硬盘镜像文件 xtfs.img 为例，详细介绍将硬盘格式化为 xtfs 文件系统格式的过程。xtfs 文件系统的格式化过程在 format.c 文件中实现，format.c 文件中的 main 函数的实现详见代码清单 8.1。

代码清单 8.1　format.c 文件中的 main 函数

```
1    void main()
2    {
3        FILE *fp;
4
5        fp = fopen("xtfs.img", "r+");
6        fseek(fp, 512, SEEK_SET);
7        fputc(3, fp);
8        fclose(fp);
9    }
```

下面对代码清单 8.1 进行说明。

- 第 5 行：调用 fopen 函数，打开硬盘镜像文件 xtfs.img。打开模式为 "r+"，表示文件可读写，并且文件必须存在。
- 第 6 行：如前所述，xtfs 文件系统的 0 号数据块中存放的是 inode 表，由于在格式化时，xtfs 文件系统中不存在任何文件，0 号数据块不需要进行处理。因此，可以通过调用 fseek 库函数，跳过 0 号数据块，直接对 1 号数据块进行格式化操作。
- 第 7 行：如前所述，xtfs 文件系统的 1 号数据块中存放的是用于表示数据块占用情况的数据块位图。由于在格式化时，仅有 0 号数据块和 1 号数据块被占用，因此，需要将 0 号数据块和 1 号数据块在数据块位图中对应的比特设置为 1，也就是将 1 号数据块中的第 1 个字节的值设置为 3。
- 第 8 行：调用 fclose 函数，关闭硬盘镜像文件 xtfs.img。

8.2.2　格式化实例

在本章实验 code8 中，format.c 文件存放在 xtfs 目录下的 src 目录中。在该目录下，运行如下命令：

```
1    gcc -o format format.c
2    ./format
3    hexdump -C xtfs.img
```

其中：

- **第 1 行**：使用 gcc 命令，编译链接 format.c 文件，得到可执行文件 format。
- **第 2 行**：运行可执行文件 format，对硬盘镜像文件 xtfs.img 进行格式化。
- **第 3 行**：使用 hexdump 命令，查看 xtfs.img 中的内容，结果如下所示。其中，地址 0x200（对应十进制数 512）处的字节被写为 3，表示格式化成功。

```
1    00000000  00 00 00 00 00 00 00 00  00 00 00 00 00 00 00 00  |......|
2    *
3    00000200  03 00 00 00 00 00 00 00  00 00 00 00 00 00 00 00  |......|
4    *
5    00200000
```

8.3 文件复制

当格式化完成之后，就可以向文件系统复制文件。本节以向 xtfs.img 复制常规文件 hello 为例，详细介绍复制文件的过程。向 xtfs 文件系统复制文件的过程在 copy.c 文件中实现，copy.c 文件中的 main 函数的实现详见代码清单 8.2。在复制文件时，需要传递 2 个参数：待复制文件的文件名和文件类型。

代码清单 8.2 copy.c 文件中的 main 函数

```
1    #define BLOCK_SIZE 512
2
3    void main(int argc, char **argv)
4    {
5        int filesize;
6        short index_table_blocknr;
7        short index_table[BLOCK_SIZE / 2];
8        char *filename;
9        char type;
10
11       filename = argv[1];
12       type = atoi(argv[2]);
13       read_first_two_blocks();
14       filesize = copy_blocks(filename, index_table);
15       index_table_blocknr = write_index_table((char *)index_table);
16       get_empty_inode(filename, filesize, index_table_blocknr, type);
17       write_first_two_blocks();
18   }
```

下面对代码清单 8.2 进行说明。

- **第 11~12 行**：获取待复制文件的文件名和文件类型。
- **第 13 行**：调用 read_first_two_blocks 函数，打开 xtfs.img，读取 xtfs.img 上 xtfs 文件系统中的 0 号数据块和 1 号数据块。读取过程详见 8.3.1 节。
- **第 14 行**：调用 copy_blocks 函数，将 hello 文件中的内容复制到 xtfs 文件系统的数据块中。复制过程详见 8.3.2 节。
- 第 15 行：调用 write_index_table 函数，为 hello 文件在 xtfs 文件系统中申请 1 个空闲数据块，用于存放 hello 文件的数据块索引表。操作过程详见 8.3.3 节。
- 第 16 行：调用 get_empty_inode，在 xtfs 文件系统的 inode 表中申请 1 个空闲 inode，用于存放 hello 文件的 inode 信息。操作过程详见 8.3.4 节。
- 第 17 行：调用 write_first_two_blocks 函数，将 xtfs 文件系统中的 0 号数据块和 1 号数据块的内容写回 xtfs.img 后，关闭 xtfs.img。写回过程详见 8.3.5 节。

8.3.1 加载 0/1 号数据块

在复制文件之前，需要先将 xtfs 文件系统中的 inode 表（0 号数据块）和数据块位图（1 号数据块）分别加载到 inode_table 数组和 block_map 数组中。加载过程由 read_first_two_blocks 函数完成。copy.c 文件中的 read_first_two_blocks 函数的实现详见代码清单 8.3。

代码清单 8.3　copy.c 文件中的 read_first_two_blocks 函数

```
1    #define BLOCK_SIZE 512
2    #define NR_INODE BLOCK_SIZE / sizeof(struct inode)
3    struct inode inode_table[NR_INODE];
4    unsigned char block_map[BLOCK_SIZE];
5
6    void read_first_two_blocks()
7    {
8        fp_xtfs = fopen("xtfs.img", "r+");
9        fread((char *)inode_table, 1, BLOCK_SIZE, fp_xtfs);
10       fread(block_map, 1, BLOCK_SIZE, fp_xtfs);
11   }
```

代码清单 8.3 的说明如下：
- 第 8 行：调用 fopen 函数，以可读写模式打开 xtfs.img 文件。
- 第 9~10 行：调用 fread 函数，将 xtfs 文件系统中的 inode 表和数据块位图分别加载到 inode_table 数组和 block_map 数组中。

8.3.2 复制数据块

xtfs 文件系统的 0/1 号数据块加载完成后，开始将 hello 文件的数据写入文件系统的数据块中。写入过程由 copy_blocks 函数完成。copy.c 文件中的 copy_blocks 函数的实现详见代码清单 8.4。

代码清单 8.4　copy.c 文件中的 copy_blocks 函数

```
1    #define BLOCK_SIZE 512
2
3    int copy_blocks(char *filename, short *index_table)
4    {
5        FILE *fp;
6        int filesize;
7        int i, j;
8        size_t size;
9        int blocknr;
```

```
10          char buffer[BLOCK_SIZE];
11
12          fp = fopen(filename, "r");
13          fseek(fp, 0, SEEK_END);
14          filesize = ftell(fp);
15          fseek(fp, 0, SEEK_SET);
16          memset((char *)index_table, 0, BLOCK_SIZE);
17          for (i = 0, j = 0; i < filesize; i += BLOCK_SIZE, j++)
18          {
19              blocknr = get_block();
20              size = fread(buffer, 1, BLOCK_SIZE, fp);
21              write_block(fp_xtfs, blocknr * BLOCK_SIZE, buffer, size);
22              index_table[j] = blocknr;
23          }
24          fclose(fp);
25          return filesize;
26      }
```

下面对代码清单 8.4 进行说明。

- **第 12 行**：调用 fopen 函数，以只读模式打开 hello 文件。
- **第 13～15 行**：获取 hello 文件的大小后，将文件指针恢复到文件的起始位置。
- **第 16 行**：将第 2 个参数 index_table 数组（short 类型）中的 256 项的内容清 0。
- **第 17～23 行**：以数据块为单位，循环复制 hello 文件的内容。在**第 19 行**中，调用 get_block 函数，在 xtfs 文件系统中申请一个空闲数据块。copy.c 文件中的 get_block 函数的实现详见代码清单 8.5。在**第 20 行**中，调用 fread 函数，从 hello 文件中读取 1 个数据块大小的内容。在**第 21 行**中，调用 write_block 函数，将上一行中读取的内容写入第 19 行申请的空闲数据块中。copy.c 文件中的 write_block 函数的实现详见代码清单 8.6。在**第 22 行**中，将 hello 文件在 xtfs 文件系统中占用的数据块的块号，按顺序写入 index_table 数组中。
- **第 24 行**：调用 fclose 函数，关闭 hello 文件。
- **第 25 行**：返回 hello 文件的大小。

代码清单 8.5　copy.c 文件中的 get_block 函数

```
1   #define BLOCK_SIZE 512
2
3   short get_block()
4   {
5       short blocknr;
6       int i, j;
7
8       for (i = 0; i < BLOCK_SIZE; i++)
9       {
10          if (block_map[i] == 255)
11              continue;
12          for (j = 0; j < 8; j++)
13          {
14              if ((block_map[i] & (1 << j)) != 0)
15                  continue;
16              block_map[i] |= 1 << j;
```

```
17                    blocknr = i * 8 + j;
18                    return blocknr;
19              }
20        }
21        printf("block_map is empty.\n");
22        exit(0);
23    }
```

下面对代码清单 8.5 进行说明。

- **第 8～20 行**：以字节为单位，遍历 block_map 数组，查找空闲数据块。在**第 10～11 行**中，若当前字节的值为 255，表示该字节对应的 8 个数据块已被占用，则继续遍历。在**第 12～19 行**中：若当前字节的值不为 255，表示该字节对应的 8 个数据块中有空闲数据块，则遍历当前字节中的 8 个比特，找到第 1 个空闲数据块，并返回该数据块的块号。
- **第 21～22 行**：若 xtfs 文件系统中没有空闲数据块，则终止复制程序。

代码清单 8.6　copy.c 文件中的 write_block 函数

```
1    void write_block(FILE *fp, long int offset, char *buffer, int size)
2    {
3        fseek(fp, offset, SEEK_SET);
4        fwrite(buffer, 1, size, fp);
5    }
```

下面对代码清单 8.6 进行说明。

- **第 3 行**：调用 fseek 函数，将 fp 文件的文件指针指向 offset 参数指定的位置。
- **第 4 行**：调用 fwrite 函数，将 buffer 指向的待复制的数据写入 fp 文件中的上一行指定的位置处，数据大小为 size。

8.3.3　创建数据块索引表

为了记录文件在 xtfs 文件系统中占用的数据块，在复制文件时，为每个文件创建 1 个数据块索引表，用于存放该文件占用的所有数据块的块号，其中，每个数据块的块号占用数据块索引表中的 1 项。数据块索引表占用 1 个数据块，并且每项的大小为 2B，因此，xtfs 文件系统支持的最大文件的大小为 128KB。

如代码清单 8.4 的第 22 行所示，在复制 hello 文件的数据块时，已将 hello 文件占用的数据块的块号，按顺序写入了 index_table 数组。如代码清单 8.2 的第 15 行所示，index_table 数组作为参数，被传递给 write_index_table 函数，该函数实现了 hello 文件的数据块索引表的创建工作，copy.c 文件中的 write_index_table 函数的实现详见代码清单 8.7。

代码清单 8.7　copy.c 文件中的 write_index_table 函数

```
1    #define BLOCK_SIZE 512
2
3    short write_index_table(char *index_table)
4    {
5        short index_table_blocknr;
6
7        index_table_blocknr = get_block();
```

```
 8          write_block(fp_xtfs, index_table_blocknr * BLOCK_SIZE, (char *)index_
               table, BLOCK_SIZE);
 9          return index_table_blocknr;
10      }
```

下面对代码清单 8.7 进行说明。

- **第 7 行**：调用 get_block 函数，为 hello 文件的数据块索引表申请 1 个空闲数据块。
- **第 8 行**：调用 write_block 函数，将 index_table 数组中存放的 hello 文件所有数据块的块号，写入上一行申请的数据块索引表中。
- **第 9 行**：返回 hello 文件的数据块索引表在 xtfs 文件系统中占用的数据块的块号。

8.3.4　初始化 inode 数据结构

如前所述，在 xtfs 文件系统中，每个文件对应 1 个 inode 数据结构，用于存放该文件的属性。inode 数据结构在代码清单 8.8 的第 5～11 行定义，包含 4 个字段：① size 字段，存放文件大小，以字节为单位。② index_table_blocknr 字段，存放文件的数据块索引表所占用的数据块的块号。③ type 字段，存放文件类型（xtfs 文件系统支持可执行文件和常规文件 2 种文件类型）。若该字段的值为 1，表示该文件是可执行文件；若为 2，表示是常规文件。该字段还用于表示该 inode 数据结构是否空闲，若该字段值为 0，表示空闲。④ filename 字段，存放文件名，文件名的长度不能超过 9 个字符。

当 hello 文件的数据复制完成，并创建 hello 文件的数据块索引表之后，需要初始化 hello 文件的 inode 数据结构（以下简称 inode）。初始化过程由 get_empty_inode 函数完成，copy.c 文件中的 get_empty_inode 函数的实现详见代码清单 8.8。

代码清单 8.8　copy.c 文件中的 get_empty_inode 函数

```
 1   #define BLOCK_SIZE 512
 2   #define INODE_SIZE sizeof(struct inode)
 3   #define NR_INODE (BLOCK_SIZE / INODE_SIZE)
 4   #define NAME_LEN 9
 5   struct inode
 6   {
 7       int size;
 8       short index_table_blocknr;
 9       char type;
10       char filename[NAME_LEN];
11   };
12
13   void get_empty_inode(char *filename, int filesize, short index_table_
        blocknr, char type)
14   {
15       int i;
16
17       for (i = 0; i < NR_INODE; i++)
18       {
19           if (inode_table[i].type != 0)
20               continue;
21               inode_table[i].size = filesize;
22           inode_table[i].type = type;
23           inode_table[i].index_table_blocknr = index_table_blocknr;
```

```
24              strcpy(inode_table[i].filename, filename);
25              return;
26          }
27      if (i == NR_INODE)
28      {
29              printf("inode_table is empty.\n");
30              exit(0);
31      }
32  }
```

下面对代码清单 8.8 进行说明。

- **第 17～26 行**：遍历 inode_table 数组，查找空闲 inode。若找到空闲 inode，则根据 get_empty_inode 函数的参数，初始化 inode 的 4 个字段。其中，如代码清单 8.2 的第 11～12 行所示，filename 和 type 字段来自传递给 copy.c 文件中的 main 函数的参数。size 字段存放文件大小，计算过程详见代码清单 8.4 的第 13～14 行。index_table_blocknr 字段存放文件数据块索引表占用的数据块的块号，数据块的申请过程详见代码清单 8.7 的第 7 行。
- **第 27～31 行**：若 inode_table 数组中无空闲 inode，则终止复制程序。

8.3.5 写回 0/1 号数据块

在文件复制结束后，需要将 inode_table 数组和 block_map 数组中的内容写回到 xtfs 文件系统的 inode 表（0 号数据块）和数据块位图（1 号数据块）中，写回过程由 write_first_two_blocks 函数完成，copy.c 文件中的 write_first_two_blocks 函数的实现详见代码清单 8.9。

代码清单 8.9   copy.c 文件中的 write_first_two_blocks 函数

```
1   #define BLOCK_SIZE 512
2
3   void write_first_two_blocks()
4   {
5       write_block(fp_xtfs, 0, (char *)inode_table, BLOCK_SIZE);
6       write_block(fp_xtfs, 512, block_map, BLOCK_SIZE);
7       fclose(fp_xtfs);
8   }
```

下面对代码清单 8.9 进行说明。

- **第 5～6 行**：调用 write_block 函数，将 inode_table 数组和 block_map 数组中的内容分别写回到 xtfs 文件系统的 inode 表和数据块位图中。
- **第 7 行**：调用 fclose 函数，关闭 xtfs.img 文件，结束复制操作。

8.3.6 复制实例

本小节继续以复制常规文件 hello 为例，详细介绍复制过程中的细节。在本章实验 code8 中，copy.c 文件存放在 xtfs 目录下的 src 目录中。在该目录下，运行如下命令：

```
1   echo "hello, world." > hello
2   gcc -o copy copy.c
3   ./copy hello 2
```

其中：

- **第 1 行**：创建 hello 文件，内容为 "hello, world."。
- **第 2 行**：使用 gcc 命令，编译链接 copy.c 文件，得到可执行文件 copy。
- **第 3 行**：运行可执行文件 copy，将 hello 文件的文件名和类型传递给 copy 程序。

下面给出在复制操作的 5 个步骤中，xtfs.img 文件、inode_table 数组和 block_map 数组的变化过程。

（1）加载 0/1 号数据块

1）xtfs.img 文件：xtfs.img 文件未发生变化，如下所示的内容为格式化后的内容。

```
1    00000000  00 00 00 00 00 00 00 00  00 00 00 00 00 00 00 00  |................|
2    *
3    00000200  03 00 00 00 00 00 00 00  00 00 00 00 00 00 00 00  |................|
4    *
5    00200000
```

2）inode_table 数组：此时 xtfs 文件系统中没有文件，所以 inode_table 数组内容全部为 0。

3）block_map 数组：如图 8.2 的①所示，此时只有 0 号数据块和 1 号数据块被占用。

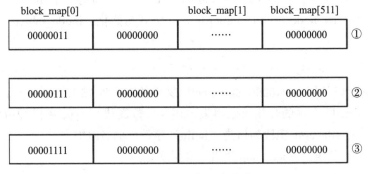

图 8.2　block_map 数组的变化过程

（2）复制数据块

1）xtfs.img 文件：如下所示，hello 文件的内容被复制到 xtfs 文件系统中的 2 号数据块（地址为 0x400）。

```
1    00000000  00 00 00 00 00 00 00 00  00 00 00 00 00 00 00 00  |................|
2    *
3    00000200  03 00 00 00 00 00 00 00  00 00 00 00 00 00 00 00  |................|
4    *
5    00000400  68 65 6c 6c 6f 2c 20 77  6f 72 6c 64 2e 0a 00 00  |hello, world....|
6    *
7    00200000
```

2）inode_table 数组：inode_table 数组未发生变化。

3）block_map 数组：如图 8.2 的②所示，hello 文件数据占用的 2 号数据块在 block_map 数组中对应的位被设置为 1，该数据块表示已被占用。

（3）创建数据块索引表

1）xtfs.img 文件：如下所示，hello 文件的数据块索引表占用 3 号数据块（地址为 0x600）。

```
1    00000000  00 00 00 00 00 00 00 00  00 00 00 00 00 00 00 00  |................|
2    *
3    00000200  03 00 00 00 00 00 00 00  00 00 00 00 00 00 00 00  |................|
4    *
5    00000400  68 65 6c 6c 6f 2c 20 77  6f 72 6c 64 2e 0a 00 00  |hello, world....|
6    *
7    00000600  02 00 00 00 00 00 00 00  00 00 00 00 00 00 00 00  |................|
8    *
9    00200000
```

2）inode_table 数组：inode_table 数组未发生变化。

3）block_map 数组：如图 8.2 的③所示，hello 文件的数据块索引表占用的 3 号数据块在 block_map 数组中对应的位被设置为 1，表示该数据块已被占用。

（4）初始化 inode 数据结构

1）xtfs.img 文件：xtfs.img 文件未发生变化。

2）inode_table 数组：如代码清单 8.8 的第 17～26 行所述，在 inode_table 数组中为 hello 文件申请到空闲 inode（inode_table[0]），并将其初始化。inode_table[0] 中的内容如下所示。

```
1    0d 00 00 00 03 00 02 68  65 6c 6c 6f 00 00 00 00  |.......hello....|
```

其中，size 字段的值为 0x0000000d（hello 文件的大小为 13），index_table_blocknr 字段的值为 0x0003（hello 文件的数据块索引表占用 3 号数据块），type 字段的值为 0x02（hello 文件是常规文件），filename 字段的值为"hello"字符串的 ASCII 值。

3）block_map 数组：block_map 数组未发生变化。

（5）写回 0/1 号数据块

1）xtfs.img 文件：将 inode_table 数组和 block_map 数组中的内容写回到 xtfs 文件系统中的 inode 表（0 号数据块）和数据块位图（1 号数据块）后，xtfs.img 文件的内容如下所示：

```
1    00000000  0d 00 00 00 03 00 02 68  65 6c 6c 6f 00 00 00 00  |.......hello....|
2    *
3    00000200  0f 00 00 00 00 00 00 00  00 00 00 00 00 00 00 00  |................|
4    *
5    00000400  68 65 6c 6c 6f 2c 20 77  6f 72 6c 64 2e 0a 00 00  |hello, world....|
6    *
7    00000600  02 00 00 00 00 00 00 00  00 00 00 00 00 00 00 00  |................|
8    *
9    00200000
```

2）inode_table 数组：inode_table 数组未发生变化。

3）block_map 数组：block_map 数组未发生变化。

8.4　本章任务

1. 编写 read.c 程序，实现从本章实验 code8 的 xtfs.img 的 xtfs 文件系统中，读取 hello 文件中的内容，并显示到显示器上。

2. 目前 xtfs 文件系统仅支持一级索引，即文件的数据块索引表存放的是该文件在 xtfs 文件系统中占用的数据块的块号。因此，xtfs 文件系统中的文件大小被限制在 $256 \times 512B = 128KB$。尝试在 xtfs 文件系统中实现对二级索引的支持，使文件的大小扩大到 $256 \times 128KB = 8MB$。

3. 在 xtfs 文件系统中实现对根目录的支持。

提示：

1）除可执行文件和常规文件外，增加新的文件类型——目录文件。

2）增加目录项数据结构（以下简称目录项），每个可执行文件和常规文件对应 1 个目录项。目录项包括 2 个字段：① filename 字段，用于存放可执行文件和常规文件的文件名；② inode 字段，用于存放可执行文件和常规文件在 inode 表中对应的项的索引。

3）所有目录项存放在目录文件的数据块索引表占用的数据块中。

第 9 章　进程 1 加载可执行文件

本章首先介绍 MaQueOS 如何挂载第 8 章中介绍的 xtfs 文件系统，然后介绍 MaQueOS 目前唯一支持的 xt 可执行文件格式，以及如何将一个使用 LoongArch 汇编指令编写的汇编程序，通过编译链接生成一个可以在 MaQueOS 上运行的 xt 格式的可执行文件。接下来，介绍一个专门为 MaQueOS 开发的，用于和用户进行交互的 shell 程序 xtsh 的实现。最后，着重描述 MaQueOS 加载运行 xt 可执行文件的过程。为了给应用程序提供挂载 xtfs 文件系统和加载 xt 可执行文件的功能，MaQueOS 分别实现了 2 个系统调用：mount 和 exe。为了验证 xtfs 文件系统挂载和 xt 可执行文件加载功能的正确性，基于这 2 个系统调用，本章实验 code9 在 code8 的基础上，通过修改进程 1 的程序代码，使其通过调用 mount 系统调用挂载 xtfs 文件系统，并通过调用 exe 系统调用加载运行 xtsh 应用程序的 xt 格式的可执行文件。除此之外，实验 code9 还实现了 1 个应用程序 print，该应用程序实现了在显示器上显示用户通过 xtsh 传递给它的待显示字符串。

9.1　挂载 xtfs 文件系统

完成 xtfs 文件系统初始化以及文件复制后，MaQueOS 在访问 xtfs 文件系统前，需要对其进行挂载操作。MaQueOS 为用户态下运行的进程提供了挂载 xtfs 文件系统的服务，对应的是 mount 系统调用。进程 1 在用户态下，通过调用 mount 系统调用，挂载 xtfs 文件系统。进程 0 和进程 1 运行的二进制可执行代码对应的汇编程序 proc0.S 如代码清单 9.1 所示。

代码清单 9.1　proc0.S 汇编程序

```
1    #define NR_fork 0
2    #define NR_output 2
3    #define NR_exit 3
4    #define NR_pause 4
5    #define NR_mount 5
6    #define NR_exe 6
7
8    .macro syscall0 A7
9        ori $a7, $r0, \A7
10       syscall 0
11   .endm
12   .macro syscall1_a A7, A0
13       la $a0, \A0
14       ori $a7, $r0, \A7
15       syscall 0
16   .endm
17   .macro syscall2_aa A7, A0, A1
18       la $a0, \A0
19       la $a1, \A1
```

```
20        ori $a7, $r0, \A7
21        syscall 0
22    .endm
23
24        .globl start
25    start:
26        syscall0 NR_fork
27        bnez $a0, father
28    child:
29        syscall0 NR_mount
30        syscall2_aa NR_exe, cmd, arg
31        syscall1_a NR_output, str
32        syscall0 NR_exit
33    father:
34        syscall0 NR_pause
35        b father
36
37    str:
38        .string "xtsh does not exist!\n"
39    cmd:
40        .string "xtsh"
41    arg:
42        .byte 0
```

下面对代码清单 9.1 进行说明。

- 第 26~27 行：进程 0 调用 fork 系统调用，创建进程 1，根据返回值，进程 0 和进程 1 运行各自的代码。

- 第 28~32 行：进程 1 运行的代码。在第 29 行中，调用 mount 系统调用，挂载 xtfs 文件系统。mount 系统调用的处理由 sys_mount 函数完成，sys_mount 函数的实现详见代码清单 9.2。在第 30 行中，调用 exe 系统调用，加载 xtsh 可执行文件，加载过程详见 9.3 节。在第 31 行中，若在 xtfs 文件系统中未找到 xtsh 可执行文件，则调用 output 系统调用，在显示器上显示错误信息"xtsh does not exist!"。之后，在第 32 行，调用 exit 系统调用，进程 1 终止运行。

- 第 33~35 行：进程 0 运行的代码。在第 34 行中，进程 0 调用 pause 系统调用，将自己挂起。在第 35 行中，当进程 0 收到进程 1 的终止信号，释放进程 1 占用的资源后，继续调用 pause 系统调用，将自己挂起。

代码清单 9.2 sys_mount 函数

```
1    #define BLOCK_SIZE 512
2    #define NR_INODE BLOCK_SIZE / sizeof(struct inode)
3    struct inode inode_table[NR_INODE];
4    char block_map[BLOCK_SIZE];
5
6    int sys_mount()
7    {
8        char *block;
9
10       block = read_block(0);
11       copy_mem((char *)inode_table, block, BLOCK_SIZE);
12       block = read_block(1);
```

```
13          copy_mem(block_map, block, BLOCK_SIZE);
14          return 0;
15     }
```

下面对代码清单 9.2 进行说明。

- **第 10～11 行**：调用 read_block 函数，获取指向 0 号数据块内容（inode 表）的指针后，调用 copy_mem 函数，将 inode 表复制到 inode_table 数组中。
- **第 12～13 行**：调用 read_block 函数，获取指向 1 号数据块内容（数据块位图）的指针后，调用 copy_mem 函数，将数据块位图复制到 block_map 数组中。至此，xtfs 文件系统挂载完成。

9.2 xt 可执行文件

MaQueOS 仅支持 xt 格式的可执行文件，如图 9.1 所示，xt 可执行文件包括两部分：xt 可执行文件头和二进制可执行代码。其中，xt 可执行文件头占用 1 个数据块（512B），二进制可执行代码大小必须按页对齐。xt 可执行文件头的信息保存在 exe_xt 数据结构中，exe_xt 数据结构的定义详见代码清单 9.3。

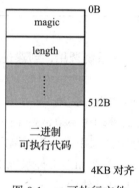

图 9.1 xt 可执行文件

代码清单 9.3 exe_xt 数据结构

```
1     struct exe_xt
2     {
3          unsigned short magic;
4          int length;
5     } __attribute__((packed));
```

下面对代码清单 9.3 进行说明。

- **第 3 行**：magic 字段，xt 可执行文件头中的该字段必须存放固定值 0x7478，即 "xt" 字符串对应的 ASCII 值。
- **第 4 行**：length 字段，表示二进制可执行代码的大小。

9.2.1 编译 xt 可执行文件

MaQueOS 提供了一个用于编译 xt 可执行文件的脚本 compile.sh，compile.sh 脚本的实现详见代码清单 9.4。本小节以编译 xtsh.S 汇编文件为例详细介绍编译过程。

代码清单 9.4 compile.sh 脚本

```
1    #!/bin/bash
2    bin=$1
3    GNU=../../../cross-tool/bin/LoongArch64-unknown-linux-gnu-
4    ${GNU}gcc -nostdinc -c ${bin}.S -o ${bin}.o
5    ${GNU}ld -z max-page-size=4096 -N -e start -Ttext 0 -o ${bin}.tmp ${bin}.o
6    ${GNU}objcopy -S -O binary ${bin}.tmp ${bin}.out
7
8    let size=`stat -c %s ${bin}.out`
9    let size=($size+0xfff)/0x1000
10   let count=$size*8+1
11   dd if=/dev/zero of=${bin} bs=512 count=${count} 2> /dev/null
12   dd if=${bin}.out of=${bin} bs=512 seek=1 conv=notrunc 2> /dev/null
13
14   let size=$size*0x1000
15   size=`printf "%08x" $size`
16   for ((i=0;i<4;i++))
17   do
18       length+=`echo ${size:0-2:2}`
19       size=`echo ${size%??}`
20   done
21
22   echo -n "xt" > header
23   echo $length | xxd -p -r >> header
24   dd if=header of=${bin} bs=512 seek=0 conv=notrunc 2> /dev/null
25
26   chmod 0777 ${bin}
27   rm -f ${bin}.o ${bin}.d ${bin}.tmp ${bin}.out header
```

下面对代码清单 9.4 进行说明。

- **第 2 行**：获取待编译可执行文件的文件名 xtsh。若要编译 xtsh.S 汇编文件，则需要将 xtsh 作为参数传递给 compile.sh 脚本。
- **第 3～6 行**：编译链接生成二进制可执行代码。
- **第 8～10 行**：计算可执行文件的大小（以数据块为单位），包括可执行文件头和二进制可执行代码（大小必须按页对齐）的大小，即 $1+8=9$。
- **第 11～12 行**：使用 dd 命令创建内容为空的可执行文件 xtsh，并将第 3～6 行中编译链接生成的二进制可执行代码复制到 xtsh 可执行文件中。
- **第 14～20 行**：计算二进制可执行代码大小 0x1000（以字节为单位），并将其转换为字符串格式。在**第 22～24 行**中，生成可执行文件头，并使用 dd 命令复制到 xtsh 可执行文件中。
- **第 26～27 行**：使用 chmod 修改可执行文件的文件权限，并删除临时文件。至此，xtsh 可执行文件编译链接完成，使用 hexdump 命令查看到的 xtsh 的内容如下所示：

```
1    00000000   78 74 00 10 00 00 00 00  00 00 00 00 00 00 00 00  |xt..............|
2    *
3    00000200   04 00 00 1c 84 c0 d4 28  0b 08 80 03 00 00 2b 00  |.......(......+.|
```

```
 4     00000210    0c 00 00 1c 8c a1 d4 28    04 30 15 00 0b 04 80 03    |.......(.0......|
 5     00000220    00 00 2b 00 8d 01 00 28    0e 34 80 03 ae 4d 00 58    |..+....(.4...M.X|
 6     00000230    0e fc 81 03 ae 1d 00 58    80 05 00 29 04 30 15 00    |.......X...).0..|
 7     00000240    0b 08 80 03 00 00 2b 00    8c 05 c0 02 ff cf ff 53    |......+........S|
 8     00000250    0d 00 00 1c ad a1 d3 28    ac c1 ff 5b 80 05 00 29    |.......(...[...)|
 9     00000260    04 30 15 00 0b 08 80 03    00 00 2b 00 8c fd ff 02    |.0........+.....|
10     00000270    80 01 00 29 ff a7 ff 53    80 05 00 29 04 30 15 00    |...)...S...).0..|
11     00000280    0b 08 80 03 00 00 2b 00    80 01 00 29 0c 00 00 1c    |......+....)....|
12     00000290    8c b1 d2 28 8c 01 00 28    9f 69 ff 43 0b 00 80 03    |...(...(.i.C....|
13     000002a0    00 00 2b 00 80 5c 00 44    0c 00 00 1c 8c 41 d2 28    |..+..\.D.....A.(|
14     000002b0    8d 01 00 28 0e 80 80 03    ae 15 00 58 0e 00 15 00    |...(.......X....|
15     000002c0    ae 15 00 58 8c 05 c0 02    ff eb ff 53 80 01 00 29    |...X.......S...)|
16     000002d0    8c 05 c0 02 04 00 00 1c    84 90 d1 28 05 30 15 00    |...........(.0..|
17     000002e0    0b 18 80 03 00 00 2b 00    04 00 00 1c 84 60 d1 28    |......+......`.(|
18     000002f0    0b 08 80 03 00 00 2b 00    0b 0c 80 03 00 00 2b 00    |......+.......+.|
19     00000300    0b 10 80 03 00 00 2b 00    ff fb fe 53 78 74 73 68    |......+....Sxtsh|
20     00000310    23 20 00 6e 6f 20 73 75    63 68 20 63 6d 64 21 0a    |# .no such cmd!.|
21     *
22     00000730    0c 01 00 00 00 00 00 00    21 01 00 00 00 00 00 00    |........!.......|
23     00000740    13 01 00 00 00 00 00 00    00 00 00 00 00 00 00 00    |................|
24     *
25     00001200
```

9.2.2　shell 程序

在 MaQueOS 中，实现了一个用于和用户进行交互的 shell 程序 xtsh。xtsh 程序对应的 xtsh.S 汇编程序的实现详见代码清单 9.5。

代码清单 9.5　xtsh.S 汇编程序

```
 1          #include "asm.h"
 2
 3          .globl start
 4      start:
 5          syscall1_a NR_output, str
 6          la $t0, cmd
 7      read:
 8          syscall1_r NR_input, $t0
 9          ld.b $t1, $t0, 0
10          li.d $t2, 13
11          beq $t1, $t2, fork
12          li.d $t2, 127
13          beq $t1, $t2, delete
14          st.b $r0, $t0, 1
15          syscall1_r NR_output, $t0
16          addi.d $t0, $t0, 1
17          b read
18      delete:
19          la $t1, cmd
20          beq $t1, $t0, read
21          st.b $r0, $t0, 1
22          syscall1_r NR_output, $t0
23          addi.d $t0, $t0, -1
24          st.b $r0, $t0, 0
```

```
25        b read
26  fork:
27        st.b $r0, $t0, 1
28        syscall1_r NR_output, $t0
29        st.b $r0, $t0, 0
30        la $t0, cmd
31        ld.b $t0, $t0, 0
32        beqz $t0, start
33        syscall0 NR_fork
34        bnez $a0, pause
35  exe:
36        la $t0, cmd
37  loop:
38        ld.b $t1, $t0, 0
39        li.d $t2, 32
40        beq $t1, $t2, space
41        li.d $t2, 0
42        beq $t1, $t2, zero
43        addi.d $t0, $t0, 1
44        b loop
45  space:
46        st.b $r0, $t0, 0
47        addi.d $t0, $t0, 1
48  zero:
49        syscall2_ar NR_exe, cmd, $t0
50        syscall1_a NR_output, str1
51        syscall0 NR_exit
52  pause:
53        syscall0 NR_pause
54        b start
55
56  str:
57        .string "xtsh# "
58  str1:
59        .string "no such cmd!\n"
60  cmd:
61        .fill 1024,1,0
```

下面对代码清单 9.5 进行说明。

- **第 5 行**：调用 output 系统调用，在显示器上显示 "xtsh#" 字符串。
- **第 6 行**：将定义在第 60～61 行中的 cmd 变量的地址赋值给 t0 寄存器。cmd 变量用于存放用户多次输入的按键的 ASCII 值，包括用户想要运行的程序的程序名和传递给程序的参数，它们之间使用空格键隔开。当按下回车键后，停止输入。
- **第 8 行**：调用 input 系统调用，将用户按下的按键的 ASCII 值存放到 cmd 变量中。
- **第 9～17 行**：若按下的是回车键（ASCII 值为 13），则跳转到 fork 处，开始创建进程。若按下的是退格键（ASCII 值为 127），则跳转到 delete 处，处理退格操作。若不是回车和退格键，则调用 output 系统调用，将刚刚按下的按键对应的字符显示到显示器上。之后，跳转到第 8 行，继续等待用户按键。
- **第 18～25 行**：处理退格键。若在 cmd 中没有需要删除的字符，则不做处理，跳转到第 8 行，继续等待用户按键。若有需要删除的字符，则分别删除显示器上和 cmd 变量中的字符。之后，跳转到第 8 行，继续等待用户按键。

- **第 27~34 行**：当按下回车键后，开始创建子进程。在**第 27~29 行**中，将回车键"显示"到显示器上后，把 cmd 中的回车符"变成"结束符。在**第 30~32 行**中，若回车符是 cmd 中的第 1 个字符，表示用户没有输入需要运行的程序，则跳转到第 5 行，调用 output 系统调用，在显示器上显示"xtsh#"字符串，并将 cmd 变量的地址赋值给 t0 寄存器，继续等待用户按键；否则，在**第 33~34 行**中，调用 fork 系统调用，创建子进程，之后，根据返回值，父进程和子进程运行各自的代码。

- **第 35~51 行**：子进程运行的代码。其中，在**第 36~47 行**中，循环遍历 cmd 中用户输入的字符，若遍历到空格符（ASCII 值为 32），则将空格符转换为结束符后，把 cmd 中的字符分为前后两部分，前一部分字符串为程序名，起始地址存放在 cmd 变量中，后一部分字符串为传递给程序的参数，起始地址存放在 t0 寄存器中。之后，结束循环；若遍历到结束符[⊖]（ASCII 值为 0），则循环结束。在**第 49 行**中，调用 exe 系统调用，加载 cmd 指向的可执行文件，可执行文件运行所需参数由 t0 寄存器传递。加载过程详见 9.3 节。在**第 50~51 行**中，若在 xtfs 文件系统中未找到 cmd 指向的可执行文件，则调用 output 系统调用，在显示器上显示错误信息后，调用 exit 系统调用，子进程终止运行。

- **第 52~54 行**：父进程运行的代码。其中，在**第 53 行**中，父进程调用 pause 系统调用，将自己挂起。在**第 54 行**中，当父进程收到子进程的终止信号，释放子进程占用的资源后，跳转到第 5 行，调用 output 系统调用，在显示器上显示"xtsh#"字符串，并将 cmd 变量的地址赋值给 t0 寄存器后，继续等待用户按键。

9.3 加载可执行文件

如前所述，当进程 0 创建进程 1 后，进程 1 需要加载 xtsh 可执行文件。MaQueOS 为用户态下运行的进程提供了加载可执行文件的服务，对应的是 exe 系统调用。exe 系统调用的处理由 sys_exe 函数实现，sys_exe 函数的实现详见代码清单 9.6。本节以进程 1 加载 xtsh 可执行文件为例，详细介绍进程加载可执行文件的过程。

代码清单 9.6   sys_exe 函数

```
1    #define PAGE_SIZE 4096
2    #define VMEM_SIZE (1UL << (9 + 9 + 12))
3    #define PTE_V (1UL << 0)
4    #define PTE_D (1UL << 1)
5    #define PTE_PLV (3UL << 2)
6
7    int sys_exe(char *filename, char *arg)
8    {
9        struct inode *inode;
10       struct exe_xt exe;
11       unsigned long arg_page;
12
```

⊖ 此处的结束符是在第 29 行中由回车符转变而成的。

```
13          inode = find_inode(filename);
14          if (!inode)
15              return 0;
16          read_inode_block(inode, 0, (char *)&exe, sizeof(struct exe_xt));
17          if (exe.magic != 0x7478 || inode->type != 1)
18              panic("panic: the file is not executable!\n");
19          current->executable = inode;
20          current->exe_end = exe.length;
21          arg_page = get_page();
22          copy_string((char *)arg_page, arg);
23          free_page_table(current);
24          put_page(current, VMEM_SIZE - PAGE_SIZE, arg_page, PTE_PLV | PTE_D | PTE_V);
25          put_exe_pages();
26          invalidate();
27          return VMEM_SIZE - PAGE_SIZE;
28      }
```

下面对代码清单 9.6 进行说明。

- 第 13～15 行：调用 find_inode 函数，获取可执行文件的 inode。find_inode 函数的实现详见代码清单 9.8。若可执行文件不存在，则直接返回 0。

- 第 16～18 行：调用 read_inode_block 函数，获取可执行文件头（如图 9.1 所示），可执行文件头位于可执行文件的 0 号数据块中，read_inode_block 函数的实现详见代码清单 9.9。若可执行文件头中的 magic 字段不为 0x7478，或者文件不是可执行文件，则直接执行 panic 操作。

- 第 19 行：如代码清单 9.7 所示，为了支持进程加载可执行文件，在本章实验 code9 中 process 数据结构的第 4 版在第 3 版的基础上增加了 executable 字段。在本行代码中，将进程 1 的进程描述符中的 executable 字段指向可执行文件 xtsh 的 inode。

- 第 20 行：将进程 1 的进程描述符中的 exe_end 字段设置为可执行文件 xtsh 中二进制可执行代码的大小。

- 第 21～22 行：调用 get_page 函数，申请一个空闲物理页面后，调用 copy_string 库函数，将传递给进程的参数复制到该空闲物理页中。

- 第 23 行：调用 free_page_table 函数，释放进程 0 在 fork 系统调用过程中复制给进程 1 的二级页表结构。

- 第 24 行：调用 put_page 函数，如图 9.2 所示，在保存进程 1 的参数的物理页与进程 1 的进程地址空间中的最后 1 个虚拟页之间建立映射。

- 第 25 行：调用 put_exe_pages 函数，将进程 1 的二进制可执行代码加载到物理页，如图 9.2 所示，在该物理页与进程 1 的进程地址空间中的第 1 个虚拟页之间建立映射。put_exe_pages 函数的实现详见代码清单 9.10。

- 第 26 行：因为进程 1 的页表项内容发生了变化，所以需要调用 invalidate 库函数刷新 TLB。

- 第 27 行：如图 9.2 所示，返回进程 1 用户栈的栈顶地址 0x3FFFF000（VMEM_SIZE-PAGE_SIZE）。此时，进程 1 的用户栈为空。

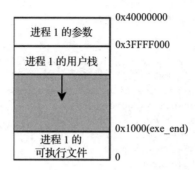

图 9.2 代码清单 9.6 中进程 1 的进程地址空间

代码清单 9.7 process 数据结构（第 4 版）

```
1     struct process
2     {
3         int state;
4         int pid;
5         int counter;
6         int signal_exit;
7         unsigned long exe_end;
8         unsigned long page_directory;
9   (+)   struct inode *executable;
10        struct process *father;
11        struct process *wait_next;
12        struct context context;
13    };
```

在**第 9 行**中，executable 字段用于指向该进程的可执行文件的 inode。

代码清单 9.8 find_inode 函数

```
1     #define BLOCK_SIZE 512
2     #define INODE_SIZE sizeof(struct inode)
3     #define NR_INODE (BLOCK_SIZE / INODE_SIZE)
4     #define NAME_LEN 9
5
6     struct inode *find_inode(char *filename)
7     {
8         int i;
9
10        for (i = 0; i < NR_INODE; i++)
11        {
12            if (inode_table[i].type == 0)
13                continue;
14            if (match(filename, inode_table[i].filename, NAME_LEN))
15                return &inode_table[i];
16        }
17        return 0;
18    }
```

下面对代码清单 9.8 进行说明。

- **第 10～16 行**：遍历 inode_table 数组中的每个 inode，调用 match 函数，将 inode 的

名字和 filename 参数进行匹配，若匹配成功，则返回该 inode 的地址。

- **第 17 行**：若匹配失败，表示 xtfs 文件系统中没有找到名为 filename 参数的文件，则返回 0。

代码清单 9.9　read_inode_block 函数

```
1   void read_inode_block(struct inode *inode, short file_blocknr, char *buf, int
        size)
2   {
3       char *block;
4       short blocknr;
5       short *index_table;
6
7       index_table = (short *)read_block(inode->index_table_blocknr);
8       blocknr = index_table[file_blocknr];
9       block = read_block(blocknr);
10      copy_mem(buf, block, size);
11  }
```

下面对代码清单 9.9 进行说明。

- **第 7 行**：调用 read_block 函数，从 xtfs 文件系统中读取文件的数据块索引表。
- **第 8 行**：以数据块在文件中的块号 file_blocknr 为索引，从文件数据块索引表中获取该数据块在 xtfs 文件系统中的块号 blocknr。
- **第 9～10 行**：调用 read_block 函数，获取指向数据块内容的指针后，调用 copy_mem 函数，将数据块中指定大小（size）的内容复制到缓冲区（buf）中。

代码清单 9.10　put_exe_pages 函数

```
1   #define BLOCK_SIZE 512
2   #define PAGE_SIZE 4096
3   #define PTE_V (1UL << 0)
4   #define PTE_D (1UL << 1)
5   #define PTE_PLV (3UL << 2)
6
7   void put_exe_pages()
8   {
9       unsigned long page = 0;
10      unsigned long size;
11
12      for (size = 0; size < current->exe_end; size += BLOCK_SIZE, page +=
            BLOCK_SIZE)
13      {
14          if (size % PAGE_SIZE == 0)
15          {
16              page = get_page();
17              put_page(current, size, page, PTE_PLV | PTE_D | PTE_V);
18          }
19          read_inode_block(current->executable, size / BLOCK_SIZE + 1, (char *)
                page, BLOCK_SIZE);
20      }
21  }
```

下面对代码清单 9.10 进行说明。

- 第 12～21 行：以数据块的大小 512B 为单位，遍历进程的可执行文件中的二进制可执行代码。
- 第 14～18 行：每循环 8 次（即一个页的大小）后，调用 get_page 函数，申请一个空闲物理页，并将该物理页与进程地址空间中的虚拟页建立映射。
- 第 19 行：调用 read_inode_block 函数，将二进制可执行代码以数据块的大小为单位，分 8 次依次加载到第 16 行申请的物理页中。如图 9.1 所示，因为 xt 可执行文件的 0 号数据块存放 xt 可执行文件头，二进制可执行代码从可执行文件的 1 号数据块开始存放，所以需要从 1 号数据块开始加载。

9.4 进程 1 的运行

当 sys_exe 函数完成进程 1 的可执行文件的加载后，返回到 syscall 函数（参见代码清单 9.11），执行返回用户态前的操作，syscall 函数（第 2 版）的实现详见代码清单 9.11。

代码清单 9.11 syscall 函数（第 2 版）

```
1    #define A0_OFFSET 0x10
2    #define A7_OFFSET 0x48
3    #define ERA_OFFSET 0xf0
4    #define NR_exe 6
5
6    syscall:
7        ld.d $t0, $sp, ERA_OFFSET
8        addi.d $t0, $t0, 4
9        st.d $t0, $sp, ERA_OFFSET
10       la $t0, syscalls
11       alsl.d $a7, $a7, $t0, 3
12       ld.d $t0, $a7, 0
13       jirl $ra, $t0, 0
14   (+) ld.d $t0, $sp, A7_OFFSET
15   (+) ori $t1, $r0, NR_exe
16   (+) beq $t0, $t1, exe_ret
17       st.d $a0, $sp, A0_OFFSET
18       b user_exception_ret
```

在第 14～16 行中，本章实验 code9 中的 syscall 函数的第 2 版在第 1 版的基础上增加了对 exe 系统调用的判断。若当前正在返回的是 exe 系统调用，则跳转到 exe_ret 函数，exe_ret 函数的实现详见代码清单 9.12。

代码清单 9.12 exe_ret 函数

```
1    #define CSR_SAVE0 0x30
2    #define ERA_OFFSET 0xf0
3
4    exe_ret:
5        beqz $a0, user_exception_ret
6        st.d $r0, $sp, ERA_OFFSET
7        csrwr $a0, CSR_SAVE0
8        b user_exception_ret
```

下面对代码清单 9.12 进行说明。

- **第 5 行**：若 sys_exe 函数的返回值为 0，如代码清单 9.6 的第 15 行所示，表示可执行文件不存在，即可执行文件加载失败，则直接跳转到 user_exception_ret 函数。之后，进程 1 从内核态返回到用户态。进程 1 返回到用户态后开始运行代码清单 9.1 的第 31 行中的代码。
- **第 6～8 行**：若可执行文件加载成功，则**第 6 行**将进程 1 内核栈上保存的 ERA 寄存器的值修改为 0，表示进程 1 返回到用户态后开始运行 xtsh 二进制可执行代码的第 1 条指令（详见代码清单 9.5 的第 5 行）。在**第 7 行**中，将 SAVE0 寄存器的值修改为 sys_exe 函数返回的进程 1 用户栈的栈顶地址（详见代码清单 9.6 的第 27 行）。之后，跳转到 user_exception_ret 函数，进程 1 从内核态返回到用户态。综上所述，进程 1 返回到用户态后开始运行 xtsh 的二进制可执行代码。

9.5　本章实例

在本章实验 code9 中实现的 print 程序的功能是将传递给该程序的参数显示到显示器上。print 程序对应的 print.S 汇编程序的实现详见代码清单 9.13。

代码清单 9.13　print.S 汇编程序

```
1          #include "asm.h"
2
3          .globl start
4      start:
5          syscall1_r NR_output, $sp
6          syscall1_a NR_output, str
7      exit:
8          syscall0 NR_exit
9      str:
10         .string "\n"
```

下面对代码清单 9.13 进行说明。

- **第 5 行**：调用 output 系统调用，将传递给 print 程序的参数显示到显示器上。当 exe 系统调用返回到用户态，进程开始执行可执行文件时，用户栈为空。因此，如图 9.2 所示，sp 寄存器指向传递给 print 程序的参数在用户态下的起始虚拟地址（0x3FFFF000）。
- **第 6～8 行**：调用 output 系统调用，将回车"显示"到显示器上后，调用 exit 系统调用，进程终止运行。

9.6　本章任务

1. 简述不能在进程 0 中挂载 xtfs 文件系统的原因。

2. 简述代码清单 9.6 的第 23 行中对 free_page_table 函数的调用必须在参数复制结束之后进行的原因。

3. 在 MaQueOS 中，实现对 ELF 格式的可执行文件的支持。

4.（飞机大战）编写 2 个程序：bullet_create 和 bullet。其中：

1）bullet_create 程序，每隔固定时间调用 fork 系统调用，创建 1 个进程，该进程调用

exe 系统调用加载运行 bullet 程序，并为其传递 1 个显示器上的坐标位置作为参数。除此之外，还负责在所有创建的进程终止运行后进行资源回收。

2）bullet 程序，首先获取 bullet_create 程序传递的显示器坐标位置，并在该坐标处显示 1 个"*"字符。然后，该字符每隔固定时间向上移动 1 行，当该字符移动出显示器时，运行该程序的进程终止运行。

第 10 章 页例外

本章首先介绍页无效例外和页修改例外的触发条件，以及可能发生页无效例外和页修改例外的场景。然后，描述在前几章内容的基础上实现的 MaQueOS 对页无效例外和页修改例外的支持。最后，介绍页无效例外和页修改例外在 LoongArch 架构中的触发条件，以及发生页无效例外和页修改例外后的处理过程。为了验证页无效例外和页修改例外处理过程的正确性，本章实验 code10 实现了应用程序 share。share 应用程序在运行时创建了 1 个子进程。其中，在子进程创建前，父进程通过对其用户栈进行写操作来触发页无效例外。在子进程创建后，父子进程通过对各自的用户栈进行写操作，从而触发页修改例外。

10.1 页无效例外

当访问进程的地址虚拟页时，若该虚拟地址所在的虚拟页没有和物理页建立映射关系，则触发页无效例外。如图 9.2 所示，在 MaQueOS 中，进程地址空间主要分为 3 个区域[○]，分别用于存放二进制可执行代码、进程用户栈和参数。其中，进程在运行过程中，对参数的访问不会触发页无效例外，因为在加载进程可执行文件过程中，已为参数建立了虚拟页和物理页的映射关系，如代码清单 10.1 的第 24 行所示。在第 10 章之前，在进程创建过程中，虽然没有为进程用户栈建立虚拟页和物理页的映射关系，但是因为在程序运行过程中没有访问进程用户栈，所以并没有发生页无效例外。在本章实验 code10 的 share 程序中，对进程用户栈进行了写操作，因此将触发页无效例外，对 share 程序的介绍详见 10.3 节。

如代码清单 10.1 的第 25 行所示[○]，在第 10 章之前，在加载进程可执行文件的过程中，为进程的二进制可执行代码建立了虚拟页和物理页的映射关系，因此进程运行中访问二进制可执行代码不会触发页无效例外。但是，若某程序的二进制可执行代码的大小超过 MaQueOS 支持的物理内存的大小（128MB），则系统直接执行 panic 操作。因此，在本章实验 code10 的 sys_exe 函数的第 2 版中将该行删除，表示在加载进程可执行文件的过程中，不会为进程的二进制可执行代码建立虚拟页和物理页的映射关系。于是，进程在用户态下访问二进制可执行代码将触发页无效例外。

代码清单 10.1　sys_exe 函数（第 2 版）

```
1    #define PAGE_SIZE 4096
2    #define VMEM_SIZE (1UL << (9 + 9 + 12))
3    #define PTE_V (1UL << 0)
4    #define PTE_D (1UL << 1)
5    #define PTE_PLV (3UL << 2)
```

○　在第 11 章中引入了共享内存区域，对该区域的访问不会触发页例外。

○　第 25 行前有"（–）"符号，表示在本章中需要删除该行。在第 10 章之前，该行表示需要建立虚拟页和物理页的映射。本章删除该行，表示不需要建立映射。

```
6
7    int sys_exe(char *filename, char *arg)
8    {
9        struct inode *inode;
10       struct exe_xt exe;
11       unsigned long arg_page;
12
13       inode = find_inode(filename);
14       if (!inode)
15           return 0;
16       read_inode_block(inode, 0, (char *)&exe, sizeof(struct exe_xt));
17       if (exe.magic != 0x7478 || inode->type != 1)
18           panic("panic: the file is not executable!\n");
19       current->executable = inode;
20       current->exe_end = exe.length;
21       arg_page = get_page();
22       copy_string((char *)arg_page, arg);
23       free_page_table(current);
24       put_page(current, VMEM_SIZE - PAGE_SIZE, arg_page, PTE_PLV | PTE_D |
             PTE_V);
25  (-)  put_exe_pages();
26       invalidate();
27       return VMEM_SIZE - PAGE_SIZE;
28   }
```

在第 25 行中，sys_exe 函数（第 2 版）删去了调用 put_exe_pages 函数为进程的二进制可执行代码建立虚拟页和物理页的映射关系的操作，因此进程在用户态下访问二进制可执行代码将触发页无效例外。

10.1.1 触发页无效例外

如前所述，当访问进程的虚拟页时，若该虚拟页没有和物理页建立映射关系，则触发页无效例外。LoongArch 架构支持 3 种页无效例外：load 操作页无效例外、store 操作页无效例外和取指操作页无效例外。当 load、store 和取指操作的虚拟地址在 TLB 中找到匹配项但匹配页表项的 V = 0，即待访问的虚拟页没有和物理页建立映射关系，就会触发页无效例外⊖。如表 10.1 所示，load 操作页无效例外和 store 操作页无效例外可能发生在访问二进制可执行代码和进程用户栈的过程中，取指操作页无效例外只发生在访问二进制可执行代码的过程中。

表 10.1　页无效例外触发位置

类型	二进制可执行代码	进程用户栈
load 操作页无效例外	√	√
store 操作页无效例外	√	√
取指操作页无效例外	√	

当触发页无效例外后，处理器将 CRMD 寄存器中的 IE 和 PLV 字段保存到 PRMD 寄存

⊖　其中，load 操作指使用 ld 汇编指令访问内存，store 操作指使用 st 汇编指令访问内存。

器，并将 IE 和 PLV 字段设置为 0。之后，处理器将触发页无效例外的指令地址保存到 ERA 寄存器，再跳转到 EENTRY 寄存器中存放的中断处理函数 exception_handler 的入口地址处。exception_handler 函数将中断现场保存到进程内核栈后，调用 do_exception 函数进行处理。本章实验 code10 中 do_exception 函数的第 4 版在第 3 版的基础上增加了对页例外的处理。do_exception 函数（第 4 版）的实现详见代码清单 10.2。

代码清单 10.2　do_exception 函数（第 4 版）

```
1    #define CSR_ESTAT 0x5
2    #define CSR_ESTAT_ECODE (0x3fUL << 16)
3    #define CSR_ESTAT_IS_TI (1UL << 11)
4    #define CSR_TICLR_CLR (1UL << 0)
5    #define CSR_TICLR 0x44
6    #define CSR_ESTAT_IS_HWI0 (1UL << 2)
7    #define IOCSR_EXT_IOI_SR 0x1800
8    #define KEYBOARD_IRQ_HT 0
9    #define SATA_IRQ_HT 1
10
11   void do_exception()
12   {
13     unsigned int estat;
14     unsigned long irq;
15  (+)unsigned int ecode;
16
17     estat = read_csr_32(CSR_ESTAT);
18  (+)ecode = (estat >> 16) & 0x3f;
19  (+)if (estat & CSR_ESTAT_ECODE)
20  (+){
21  (+)     if (ecode == 1 || ecode == 2 || ecode == 3)
22  (+)          do_no_page();
23  (+)     else if (ecode == 4)
24  (+)          do_wp_page();
25  (+)}
26     if (estat & CSR_ESTAT_IS_TI)
27     {
28          timer_interrupt();
29          write_csr_32(CSR_TICLR_CLR, CSR_TICLR);
30     }
31     if (estat & CSR_ESTAT_IS_HWI0)
32     {
33          irq = read_iocsr(IOCSR_EXT_IOI_SR);
34          if (irq & (1UL << KEYBOARD_IRQ_HT))
35          {
36              keyboard_interrupt();
37              write_iocsr(1UL << KEYBOARD_IRQ_HT, IOCSR_EXT_IOI_SR);
38          }
39          if (irq & (1UL << SATA_IRQ_HT))
40          {
41              disk_interrupt();
42              write_iocsr(1UL << SATA_IRQ_HT, IOCSR_EXT_IOI_SR);
43          }
44     }
45   }
```

下面对代码清单 10.2 进行说明。

- 第 18 行：获取 ESTAT 寄存器中 Ecode 字段的值。Ecode 字段在 ESTAT 寄存器中的位置如图 C.4 所示。LoongArch 架构目前支持 24 种例外，每种例外都有一个编号（以下简称例外号），MaQueOS 支持对其中 4 种例外的处理：load 操作页无效例外（例外号为 1）、store 操作页无效例外（例外号为 2）、取指操作页无效例外（例外号为 3）和页修改例外（例外号为 4）。当某种例外发生后，该例外的例外号被硬件存放在 ESTAT 寄存器的 Ecode 字段中。
- 第 19~25 行：对触发的例外进行处理。在第 21~22 行中，若触发了页无效例外，则调用 do_no_page 函数进行处理。处理过程详见 10.1.2 节。在第 23~24 行中，若触发了页修改例外，则调用 do_wp_page 函数进行处理。处理过程详见 10.2.2 节。

10.1.2　处理页无效例外

如前所述，当页无效例外触发后，调用 do_no_page 函数进行处理。如表 10.1 所示，页无效例外只发生在访问二进制可执行代码和进程用户栈的过程中。因此，如图 10.1 所示，本小节分别以位于二进制可执行代码中的虚拟地址 0x1234 和位于进程用户栈中的虚拟地址 0x3FFFF567 为例，对页无效例外的处理过程进行详细介绍。do_no_page 函数的实现详见代码清单 10.3。

代码清单 10.3　do_no_page 函数

```
1    #define CSR_BADV 0x7
2    #define PTE_V (1UL << 0)
3    #define PTE_D (1UL << 1)
4    #define PTE_PLV (3UL << 2)
5
6    void do_no_page()
7    {
8        unsigned long page;
9        unsigned long u_vaddr;
10
11       u_vaddr = read_csr_64(CSR_BADV);
12       u_vaddr &= ~0xfffUL;
13       page = get_page();
14       if (u_vaddr < current->exe_end)
15           get_exe_page(u_vaddr, page);
16       put_page(current, u_vaddr, page, PTE_PLV | PTE_D | PTE_V);
17   }
```

下面对代码清单 10.3 进行说明。

- 第 11~12 行：调用 read_csr_64 库函数，从 BADV 寄存器中获取触发页无效例外的指令的虚拟地址所在的虚拟页的起始地址。如图 10.1 所示，虚拟地址 0x1234 和 0x3FFFF567 所在的虚拟页的起始地址分别为 0x1000 和 0x3FFFF000。
- 第 13 行：调用 get_page 函数申请一个空闲物理页，用于加载二进制可执行代码或者用于存放进程用户栈。如图 10.1 所示，起始物理地址为 0x5000 的物理页用于加载二

 ⊖　对页修改例外的介绍详见 10.2 节。

进制可执行代码，起始物理地址为 0x6000 的物理页用于存放进程用户栈。

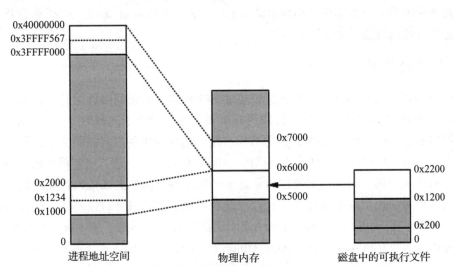

图 10.1 页无效例外实例

- **第 14～15 行**：若页无效例外发生在访问二进制可执行代码时，则需要调用 get_exe_page 函数，将硬盘可执行文件中的 1 页二进制可执行代码从硬盘加载到上一行申请的物理页中。get_exe_page 函数的实现详见代码清单 10.4。若页无效例外发生在访问进程用户栈时，则无须加载。因此，如图 10.1 所示，将硬盘上可执行文件中的第 2 页二进制可执行代码加载到起始物理地址为 0x5000 的物理页中。
- **第 16 行**：调用 put_page 函数，为虚拟页与物理页建立映射关系。如图 10.1 所示，若页无效例外发生在访问二进制可执行代码时，在起始地址为 0x1000 的虚拟页和起始地址为 0x5000 的物理页之间建立映射。若页无效例外发生在访问进程用户栈时，在起始地址为 0x3FFFF000 的虚拟页和起始地址为 0x6000 的物理页之间建立映射。

代码清单 10.4 get_exe_page 函数

```
1    #define BLOCK_SIZE 512
2
3    void get_exe_page(unsigned long u_vaddr, unsigned long k_vaddr)
4    {
5        int file_blocknr;
6        int i;
7
8        file_blocknr = 1 + u_vaddr / BLOCK_SIZE;
9        for (i = 0; i < 8; file_blocknr++, i++)
10           read_inode_block(current->executable, file_blocknr, (char *)(k_vaddr
                 + BLOCK_SIZE * i), BLOCK_SIZE);
11   }
```

下面对代码清单 10.4 进行说明。

- **第 8 行**：获取可执行文件中待加载页的起始数据块的块号。如图 10.1 所示，因为可执行文件头占用 0 号数据块，于是二进制可执行代码从可执行文件的 1 号数据块开始存放，所以，进程地址空间中虚拟地址 0x1234 所在的虚拟页（起始虚拟地址为

0x1000）在可执行文件中对应的待加载页的起始数据块的块号为 9。

- 第 9～10 行：以数据块大小为单位，循环 8 次，调用 read_inode_block 函数将二进制可执行代码加载到物理页中。

10.2　页修改例外

当访问进程的虚拟地址时，若该虚拟地址所在虚拟页的访问属性为只读，则会触发页修改例外。在第 10 章之前，在父进程调用 fork 系统调用创建子进程的过程中，在 sys_fork 函数中调用 copy_page_table 函数，将父进程占用的物理页中的内容复制到子进程，其中包括父进程和子进程共用的二进制可执行代码，如图 10.2a 所示，该二进制可执行代码在内存中占用了双倍的空间。因此，父进程和子进程可以对各自的二进制可执行代码进行读写操作。若父进程和子进程在运行过程中，对二进制可执行代码只进行读操作，则会对内存造成浪费。本章实验 code10 中 copy_page_table 函数的第 2 版删除了第 1 版中使用的复制策略，并增加了新的复制策略。copy_page_table 函数（第 2 版）的实现详见代码清单 10.5。如图 10.2b 所示，新的复制策略使父进程和子进程可以访问内存中共用的二进制可执行代码。类似地，除了二进制可执行代码，进程用户栈也使用同样的策略。因此，父进程和子进程对共用的二进制可执行代码只能进行读操作。当其中某个进程进行写操作时，会触发页修改例外。

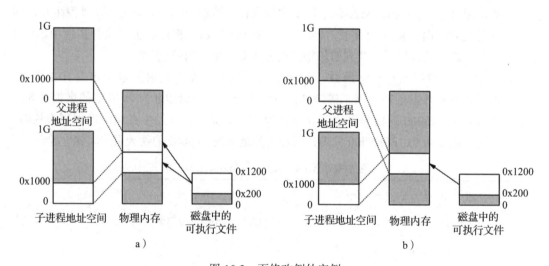

图 10.2　页修改例外实例

代码清单 10.5　copy_page_table 函数（第 2 版）

```
1    #define ENTRYS 512
2    #define DMW_MASK 0x9000000000000000UL
3    #define PAGE_SIZE 4096
4    #define PTE_D (1UL << 1)
5
6    void copy_page_table(struct process *from, struct process *to)
7    {
8        unsigned long from_pd, to_pd, from_pt, to_pt;
9        unsigned long *from_pde, *to_pde, *from_pte, *to_pte;
```

```
10    (-) unsigned long from_page, to_page;
11    (+) unsigned long page;
12        int i, j;
13
14      from_pd = from->page_directory;
15      from_pde = (unsigned long *)from_pd;
16      cto_pd = to->page_directory;
17      to_pde = (unsigned long *)to_pd;
18      for (i = 0; i < ENTRYS; i++, from_pde++, to_pde++)
19      {
20          if (*from_pde == 0)
21              continue;
22          from_pt = *from_pde | DMW_MASK;
23          from_pte = (unsigned long *)from_pt;
24          to_pt = get_page();
25          to_pte = (unsigned long *)to_pt;
26          *to_pde = to_pt & ~DMW_MASK;
27          for (j = 0; j < ENTRYS; j++, from_pte++, to_pte++)
28          {
29              if (*from_pte == 0)
30                  continue;
31    (-)     from_page = (~0xfffUL & *from_pte) | DMW_MASK;
32    (-)     to_page = get_page();
33    (-)     *to_pte = (to_page & ~DMW_MASK) | (*from_pte & 0x1FF);
34    (-)     copy_mem((char *)to_page, (char *)from_page, PAGE_SIZE);
35    (+)     page = (~0xfffUL & *from_pte) | DMW_MASK;
36    (+)     share_page(page);
37    (+)     *from_pte &= ~PTE_D;
38    (+)     *to_pte = *from_pte;
39          }
40      }
41    (+)invalidate();
42    }
```

下面对代码清单 10.5 进行说明。

- **第 31~34 行**：删除 copy_page_table 函数的第 1 版中使用的复制策略。
- **第 35~38 行**：在 copy_page_table 函数的第 2 版中增加了新的复制策略。在**第 35 行**中，获取父进程页表项中指向的物理页在内核态下的虚拟地址。在**第 36 行**中，调用 share_page 函数，将上一行中的物理页设置为共享状态。share_page 函数的实现详见代码清单 10.6。在**第 37 行**中，将父进程页表项中的读写属性设置为只读，表示将该页表项对应的虚拟页的访问属性设置为只读。在**第 38 行**中，将父进程页表项的值复制到子进程对应的页表项中，表示父进程和子进程的虚拟页都与第 35 行中的物理页建立了映射，并且虚拟页的访问属性都为只读。
- **第 41 行**：因为新的复制策略修改了页表项的内容，所以需要调用 invalidate 库函数刷新 TLB。

代码清单 10.6 share_page 函数

```
1    #define DMW_MASK 0x9000000000000000UL
2
3    void share_page(unsigned long page)
```

```
4    {
5        unsigned long i;
6
7        i = (page & ～DMW_MASK) >> 12;
8        if (!mem_map[i])
9            panic("panic: try to share free page!\n");
10       mem_map[i]++;
11   }
```

下面对代码清单 10.6 进行说明。

- **第 7 行**：计算待共享物理页在 mem_map 数组中对应项的索引。
- **第 8～9 行**：若待共享物理页是空闲物理页，则执行 panic 操作。
- **第 10 行**：若不是空闲物理页，则将该物理页在 mem_map 数组中项的值加 1，表示该物理页为共享物理页。

10.2.1　触发页修改例外

如前所述，访问一个只读虚拟页时，会触发页修改例外。当执行 store 操作时，如果在 TLB 中找到了虚拟地址匹配的项，且 V = 1，同时特权级合规，但是该页表项的 D 位为 0，即待访问的虚拟页处于只读状态，这将触发该例外。

当触发页修改例外后，处理器将 CRMD 寄存器中的 IE 和 PLV 字段保存到 PRMD 寄存器，并将 IE 和 PLV 字段设置为 0。接下来，处理器会将触发页修改例外指令的地址保存到 ERA 寄存器中，然后跳转到 EENTRY 寄存器中存放的中断处理函数 exception_handler 的入口地址处。exception_handler 函数将中断现场保存到进程内核栈后，调用 do_exception 函数进行处理，处理过程详见代码清单 10.2 的第 23～24 行。

10.2.2　处理页修改例外

假设用（S, D, V）表示虚拟页的属性，其中，S 表示与该虚拟页建立映射的物理页在 mem_map 中的值，D 表示该虚拟页的读写权限（0 表示只读，1 表示可写），V 表示是否有物理页与该虚拟页建立了映射关系（0 表示没有建立映射关系，1 表示建立了映射关系）。如前所述，在父进程调用 fork 系统调用创建子进程的过程中，调用 copy_page_table 进行页表复制后，父进程和子进程的二进制可执行代码所在的虚拟页的属性都为（2, 0, 1），也就是说，与虚拟页建立映射的物理页在 mem_map 数组中的值为 2，虚拟页的访问属性为只读，有物理页与虚拟页建立了映射关系。

根据触发页修改例外的前后顺序，对虚拟页的写操作存在 2 种情况：第 1 种情况是父进程先对虚拟页进行写操作；第 2 种情况是子进程先对虚拟页进行写操作，父进程后对虚拟页进行写操作。下面以父进程的虚拟页的（S, D, V）属性在第 1 种情况和第 2 种情况下的变化为例，对页修改例外的处理过程进行详细介绍。如前所述，当触发页修改例外后，调用 do_wp_page 函数进行处理（详见代码清单 10.2 的第 24 行），do_wp_page 函数的实现如代码清单 10.7 所示。

代码清单 10.7　do_wp_page 函数

```
1    #define CSR_BADV 0x7
2    #define DMW_MASK 0x9000000000000000UL
3    #define PTE_V (1UL << 0)
4    #define PTE_D (1UL << 1)
5    #define PTE_PLV (3UL << 2)
6    #define PAGE_SIZE 4096
7
8    void do_wp_page()
9    {
10       unsigned long *pte;
11       unsigned long u_vaddr;
12       unsigned long old_page, new_page;
13
14       u_vaddr = read_csr_64(CSR_BADV);
15       pte = get_pte(current, u_vaddr);
16       old_page = (~0xfff & *pte) | DMW_MASK;
17       if (is_share_page(old_page))
18       {
19           new_page = get_page();
20           *pte = (new_page & ~DMW_MASK) | PTE_PLV | PTE_D | PTE_V;
21           copy_mem((char *)new_page, (char *)old_page, PAGE_SIZE);
22           free_page(old_page);
23       }
24       else
25           *pte |= PTE_D;
26       invalidate();
27   }
```

下面对代码清单 10.7 进行说明。

- **第 14 行**：调用 read_csr_64 库函数，从 BADV 寄存器中获取触发页修改例外的指令的虚拟地址 u_vaddr。
- **第 15 行**：调用 get_pte 函数，获取虚拟地址 u_vaddr 所在虚拟页 vpage 在页表中对应的页表项在内核态下的虚拟地址。为了方便描述，在下文中，将父进程的虚拟页称为 f_vpage，将子进程的虚拟页称为 c_vpage。
- **第 16 行**：获取与虚拟页 vpage 建立映射的物理页 old_page 在内核态下的虚拟地址。
- **第 17～25 行**：调用 is_share_page 函数，判断物理页 old_page 是否为共享物理页，is_share_page 函数的实现详见代码清单 10.8。
- **第 17～18 行**：若物理页 old_page 是共享物理页，则表示父进程的虚拟页 f_vpage 的 (S, D, V) 属性仍然为（2,0,1）。此时情况 1 和情况 2 都可能发生。

　　处于情况 1 时，父进程先对虚拟页 f_vpage 进行写操作。在**第 19 行**中，调用 get_page 函数为父进程申请一个空闲物理页 new_page。在**第 20 行**中，为虚拟页 f_vpage 和物理页 new_page 建立映射，并将父进程虚拟页 f_vpage 的属性设置为（1,1,1）。在**第 21～22 行**中，将物理页 old_page 中的内容复制到物理页 new_page 后，调用 free_page 函数释放物理页 old_page。此时，和物理页 old_page 建立映射关系的只有子进程的虚拟页 c_vpage。

　　处于情况 2 时，子进程先对虚拟页 c_vpage 进行写操作。在**第 19 行**中，调用 get_page 函数为子进程申请一个空闲物理页 new_page。在**第 20 行**中，为虚拟页 c_vpage 和物理页 new_page 建立映射，并将子进程虚拟页 c_vpage 的属性设置为（1,1,

1）。在第 21～22 行中，将物理页 old_page 中的内容复制到物理页 new_page 后，调用 free_page 函数释放物理页 old_page，导致父进程虚拟页 f_vpage 的属性由（2, 0, 1）变为（1, 0, 1），即此时只有父进程的虚拟页 f_vpage 和物理页 old_page 有映射关系。

- 第 24～25 行：若物理页 old_page 不是共享物理页，则表示父进程的虚拟页 f_vpage 的（S, D, V）属性仍然为（1, 0, 1），如前所述，发生了情况 2。此时只需将父进程的虚拟页 f_vpage 的（S, D, V）属性修改为（1, 1, 1）即可，即父进程可以对虚拟页 f_vpage 进行读写操作。
- 第 26 行：因为页表项的内容发生了变化，所以刷新 TLB。

代码清单 10.8　is_share_page 函数

```
1     #define DMW_MASK 0x9000000000000000UL
2
3     int is_share_page(unsigned long page)
4     {
5          unsigned long i;
6
7          i = (page & ~DMW_MASK) >> 12;
8          if (mem_map[i] > 1)
9               return 1;
10         else
11              return 0;
12    }
```

下面对代码清单 10.8 进行说明。

- 第 7 行：计算待判断的物理页在 mem_map 数组中对应项的索引。
- 第 8～11 行：若待判断的物理页是共享物理页，则返回 1，否则返回 0。

10.3　本章实例

在本章实验 code10 中，实现了一个用于验证页例外处理函数 do_no_page 和 do_wp_page 的有效性的程序 share。share 程序对应的 share.S 汇编程序的实现如代码清单 10.9 所示。share 程序的运行分为 2 种情况。

1）情况 1：首先父进程在显示器上连续显示字符"aab"后挂起，然后子进程在显示器上连续显示字符"ac"。

2）情况 2：首先父进程在显示器上显示字符"a"后挂起，然后子进程在显示器上连续显示字符"ac"后，子进程终止运行，最后父进程在显示器上连续显示字符"ab"。

代码清单 10.9　share.S 汇编程序

```
1     #include "asm.h"
2
3     .globl start
4     start:
5          addi.d $sp, $sp, -1
6          ori $t0, $r0, 97
7          st.b $t0, $sp, 0
8          syscall1_r NR_output, $sp
9          syscall0 NR_fork
10         bnez $a0, father
```

```
11    child:
12          syscall1_r NR_output, $sp
13          ori $t0, $r0, 99
14          st.b $t0, $sp, 0
15          syscall1_r NR_output, $sp
16          syscall0 NR_exit
17    father:
18          syscall0 NR_pause
19          syscall1_r NR_output, $sp
20          ori $t0, $r0, 98
21          st.b $t0, $sp, 0
22          syscall1_r NR_output, $sp
23          syscall0 NR_pause
24    exit:
25          syscall1_a NR_output, str
26          syscall0 NR_exit
27
28    str:
29          .string "\n"
```

下面对代码清单 10.9 进行说明。

- **第 5 行**：使用 addi.d 汇编指令在用户栈上预留 1 字节大小的空间，用于保存显示器上显示的字符的 ASCII 值。本行代码会触发页无效例外，因为在 exe 系统调用中，释放页表后，没有为二进制可执行代码建立虚拟页和物理页的映射，所以当 exe 系统调用从内核态返回到用户态后，运行本行代码时会触发取指操作页无效例外。

- **第 6~7 行**：将字符"a"的 ASCII 值保存到用户栈中。其中，第 7 行代码会触发页无效例外，因为在 exe 系统调用中，释放页表后，没有为进程用户栈建立虚拟页和物理页的映射，所以当 exe 系统调用从内核态返回到用户态后，向用户栈写数据时，触发 store 操作页无效例外。

- **第 8 行**：调用 output 系统调用，将用户栈上的字符"a"显示到显示器上。

- **第 9~10 行**：调用 fork 系统调用，创建子进程，根据返回值，父进程和子进程运行各自的代码。

- **第 11~16 行**：子进程运行的代码。在**第 12 行**中，调用 output 系统调用，将子进程用户栈上的字符"a"显示到显示器上。因为在父进程创建子进程的过程中，调用 fork 系统调用会将父进程用户栈中的内容全部复制到子进程的用户栈中，所以，此时子进程的用户栈上存放的是第 6~7 行中写入的字符"a"的 ASCII 值。在**第 13~14 行**中，将字符"c"的 ASCII 值保存到子进程用户栈。在**第 15 行**中，调用 output 系统调用，将子进程用户栈上的字符"c"显示到显示器上。在**第 16 行**中，子进程调用 exit 系统调用，子进程终止运行。

  其中，第 14 行代码会触发页修改例外。因为在父进程创建子进程的过程中，将父进程和子进程的所有虚拟页的访问属性设置为只读，所以当子进程对虚拟页进行写操作时，会触发页修改例外。

- **第 17~26 行**：父进程运行的代码。

  在情况 1 下，需要注释掉第 18 行代码。在**第 19 行**中，调用 output 系统调用，将父进程用户栈上的字符"a"显示到显示器上。在**第 20~21 行**中，将字符"b"的

ASCII 值保存到父进程用户栈。在**第 22 行**中，调用 output 系统调用，将父进程用户栈上的字符"b"显示到显示器上。在**第 23 行**中，父进程调用 pause 系统调用，将自己挂起，切换到子进程运行第 12~16 行代码，在显示器上连续显示字符"ac"，最终在显示器上显示的字符串为"aabac"。

在情况 2 下，需要注释掉第 23 行代码。在**第 18 行**中，父进程调用 pause 系统调用，将自己挂起，切换到子进程运行第 12~16 行代码，在显示器上连续显示字符"ac"。在**第 19 行**中，当子进程终止运行后，父进程被唤醒，继续运行。调用 output 系统调用，将父进程用户栈上的字符"a"显示到显示器上。在**第 20~21 行**中，将字符"b"的 ASCII 值保存到父进程用户栈。在**第 22 行**中，调用 output 系统调用，将父进程用户栈上的字符"b"显示到显示器上。最终，在显示器上显示的字符串为"aacab"。

其中，第 21 行代码会触发页修改例外，原因同第 14 行代码。

- **第 25~26 行**：在显示器上"显示"回车后，父进程终止运行。

10.4 本章任务

1. 总结需要刷新 TLB 的情况。

2. 进程的二进制可执行代码所在虚拟页的（S, D, V）属性有 4 种情况：（0, 0, 0）、（1, 1, 1）、（1, 0, 1）和（2, 0, 1）。请以进程 0 和进程 1 为例，分别详述二进制可执行代码所在虚拟页的这 4 种状态间的转换过程。

3.（系统监测）实时监测每个物理页的使用信息，例如，正在被哪个（些）进程使用、是否为共享页，等等。然后，将结果实时地显示在显示器的下半部分。

第 11 章　进程间通信

本章介绍 MaQueOS 支持的基于共享内存的进程间通信机制，以及共享内存机制在 MaQueOS 中的实现。本章还说明引入共享内存机制后，需要对复制和释放页表过程所做的修改。除了介绍共享内存机制，本章还会详细介绍 MaQueOS 支持的软件定时器的实现原理。为了给应用程序提供基于共享内存的进程间通信和软件定时器的功能，MaQueOS 分别实现了 2 个系统调用：shmem 和 timer。为了验证共享内存和软件定时器功能的正确性，基于这 2 个系统调用，本章实验 code11 实现了两个应用程序 shmem 和 hello。其中，shmem 应用程序在运行时创建了 1 个子进程，父子进程首先通过调用 shmem 系统调用，分别为两个进程创建了一个共享内存 plane，然后父子进程通过对共享内存 plane 的读写操作进行通信。hello 应用程序通过调用 timer，实现每隔固定时间在显示器上显示"hello, world."字符串的功能。

11.1　共享内存

进程间通信（Inter-Process Communication，IPC）指的是正在运行的进程之间通信的机制。进程间通信的机制有多种，MaQueOS 采用的是基于共享内存的进程间通信机制。它的基本原理是：在物理内存中申请一个物理页，将其与需要通信的进程的虚拟页建立映射，并且将虚拟页的访问属性设置为可写，从而通过读写共享物理页，达到进程之间通信的目的。

11.1.1　初始化

共享内存的初始化由 shmem_init 函数完成，shmem_init 函数的实现详见代码清单 11.1。shmem_init 函数在 mem_init 函数（第 3 版）中调用，详见代码清单 11.2 的第 29 行。

代码清单 11.1　shmem_init 函数

```
1    #define NAME_LEN 9
2    #define NR_SHMEM 16
3    struct shmem
4    {
5        char name[NAME_LEN];
6        unsigned long mem;
7        int count;
8    };
9    struct shmem shmem_table[NR_SHMEM];
10
11   void shmem_init()
12   {
13       int i;
14
15       for (i = 0; i < NR_SHMEM; i++)
```

```
16          {
17              shmem_table[i].mem = get_page();
18              shmem_table[i].count = 0;
19          }
20      }
```

下面对代码清单 11.1 进行说明。

- **第 15~19 行**：遍历初始化 shmem_table 数组中的每个共享页。在 MaQueOS 中，进程之间共享的物理内存大小是固定的，为一个物理页（以下简称共享页）的大小（4KB），每个共享页对应一个 shmem 数据结构（具体定义参见第 3~8 行）。shmem 数据结构中有 3 个字段：① name 字段，存放共享页的名字；② mem 字段，存放共享页在内核态下的起始虚拟地址；③ count 字段，用于表示共享页被多少个进程共享，若该字段的值为 0，表示该共享页处于空闲状态。MaQueOS 总共支持 16（NR_SHMEM）个共享页，这些共享页存放在 shmem_table 数组（具体定义参见第 9 行）中。
- **第 17 行**：调用 get_page 函数，为共享页申请一个空闲物理页。
- **第 18 行**：将共享页的使用计数（count 字段）初始化为 0，表示该共享页空闲。

代码清单 11.2   mem_init 函数（第 3 版）

```
1    #define MEMORY_SIZE 0x8000000
2    #define NR_PAGE (MEMORY_SIZE >> 12)
3    #define CSR_DMW0_PLV0 (1UL << 0)
4    #define DMW_MASK 0x9000000000000000UL
5    #define CSR_DMW0 0x180
6    #define CSR_DMW3 0x183
7    #define PWCL_EWIDTH 0
8    #define PWCL_PDWIDTH 9
9    #define PWCL_PDBASE 21
10   #define PWCL_PTWIDTH 9
11   #define PWCL_PTBASE 12
12   #define CSR_PWCL 0x1c
13
14   void mem_init()
15   {
16       int i;
17
18       for (i = 0; i < NR_PAGE; i++)
19       {
20           if (i >= KERNEL_START_PAGE && i < KERNEL_END_PAGE)
21               mem_map[i] = 1;
22           else
23               mem_map[i] = 0;
24       }
25       write_csr_64(CSR_DMW0_PLV0 | DMW_MASK, CSR_DMW0);
26       write_csr_64(0, CSR_DMW3);
27       write_csr_64((PWCL_EWIDTH << 30) | (PWCL_PDWIDTH << 15) | (PWCL_PDBASE
             << 10) | (PWCL_PTWIDTH << 5) | (PWCL_PTBASE << 0), CSR_PWCL);
28       invalidate();
29  (+) shmem_init();
30   }
```

在第 29 行中，调用 shmem_init 函数，初始化共享内存。

11.1.2　与共享页建立映射的虚拟页

为了定位进程地址空间中用于和共享页建立映射的虚拟页，如代码清单 11.3 所示，本章实验 code11 中 process 数据结构的第 5 版在第 4 版的基础上增加了 shmem_end 字段。该字段在进程创建的过程中，初始化为 exe_end 字段的值，即在进程地址空间中，用于和共享页建立映射关系的虚拟页位于二进制可执行代码之后。进程 0 和通过 fork 系统调用创建的进程的进程描述符中的 shmem_end 字段分别在 process_init 函数和 sys_fork 函数中初始化，其中，process_init 函数（第 4 版）的实现详见代码清单 11.4，sys_fork 函数（第 3 版）的实现详见代码清单 11.5。

代码清单 11.3　process 数据结构（第 5 版）

```
1   struct process
2   {
3       int state;
4       int pid;
5       int counter;
6       int signal_exit;
7       unsigned long exe_end;
8   (+) unsigned long shmem_end;
9       unsigned long page_directory;
10      struct inode *executable;
11      struct process *father;
12      struct process *wait_next;
13      struct context context;
14  };
```

在第 8 行中，shmem_end 字段用于指向进程地址空间中用于和共享页建立映射的虚拟页。

代码清单 11.4　process_init 函数（第 4 版）

```
1   #define NR_PROCESS 64
2   #define PAGE_SIZE 4096
3   #define CSR_SAVE0 0x30
4   #define DMW_MASK 0x9000000000000000UL
5   #define CSR_PGDL 0x19
6   #define PTE_V (1UL << 0)
7   #define PTE_D (1UL << 1)
8   #define PTE_PLV (3UL << 2)
9   #define PROC_COUNTER 5
10  #define TASK_RUNNING 0
11
12  void process_init()
13  {
14      unsigned long page;
15      int i;
16
17      for (i = 0; i < NR_PROCESS; i++)
18          process[i] = 0;
19      process[0] = (struct process *)get_page();
20      write_csr_64((unsigned long)process[0] + PAGE_SIZE, CSR_SAVE0);
```

```
21        process[0]->page_directory = get_page();
22        write_csr_64(process[0]->page_directory & ~DMW_MASK, CSR_PGDL);
23        page = get_page();
24        copy_mem((void *)page, proc0_code, sizeof(proc0_code));
25        put_page(process[0], 0, page, PTE_PLV | PTE_D | PTE_V);
26        process[0]->pid = 0;
27        process[0]->exe_end = PAGE_SIZE;
28  (+)   process[0]->shmem_end = process[0]->exe_end;
29        process[0]->counter = PROC_COUNTER;
30        process[0]->wait_next = 0;
31        process[0]->signal_exit = 0;
32        process[0]->father = 0;
33        process[0]->state = TASK_RUNNING;
34        current = process[0];
35  }
```

在第 28 行中，将进程 0 的进程描述符中 shmem_end 字段的值初始化为 exe_end 字段的值。

代码清单 11.5　sys_fork 函数（第 3 版）

```
1   #define NR_PROCESS 64
2   #define PAGE_SIZE 4096
3   #define CSR_SAVE0 0x30
4   #define PROC_COUNTER 5
5   #define TASK_RUNNING 0
6
7   int sys_fork()
8   {
9       int i;
10
11      for (i = 1; i < NR_PROCESS; i++)
12          if (!process[i])
13              break;
14      if (i == NR_PROCESS)
15          panic("panic: process[] is empty!\n");
16      process[i] = (struct process *)get_page();
17      copy_mem((char *)process[i], (char *)current, PAGE_SIZE);
18      process[i]->page_directory = get_page();
19      copy_page_table(current, process[i]);
20      process[i]->context.ra = (unsigned long)fork_ret;
21      process[i]->context.sp = (unsigned long)process[i] + PAGE_SIZE;
22      process[i]->context.csr_save0 = read_csr_64(CSR_SAVE0);
23      process[i]->pid = i;
24      process[i]->counter = PROC_COUNTER;
25      process[i]->wait_next = 0;
26      process[i]->signal_exit = 0;
27      process[i]->father = current;
28  (+) process[i]->shmem_end = process[i]->exe_end;
29      process[i]->state = TASK_RUNNING;
30      return i;
31  }
```

在第 28 行中，将子进程的进程描述符中 shmem_end 字段的值初始化为 exe_end 字段的值。

11.1.3　shmem 系统调用

MaQueOS 为用户态下运行的进程提供了申请共享页的服务，对应的是 shmem 系统调用。在进程通过共享内存进行通信前，需要调用 shmem 系统调用申请共享页，并与该进程的虚拟页建立映射关系。shmem 系统调用的处理由 sys_shmem 函数完成，sys_shmem 函数的实现详见代码清单 11.6。sys_shmem 函数需要为其传递 2 个参数：① name 参数为共享页的名字，假设 2 个进程要通过共享内存进行通信，则这 2 个进程在调用 shmem 系统调用时，传递的 name 参数相同；② u_vaddr 参数用于存放与共享页建立映射关系的虚拟页的起始地址。

代码清单 11.6　sys_shmem 函数

```
1    #define PAGE_SIZE 4096
2    #define PTE_V (1UL << 0)
3    #define PTE_D (1UL << 1)
4    #define PTE_PLV (3UL << 2)
5    #define NR_SHMEM 16
6    #define NAME_LEN 9
7
8    int sys_shmem(char *name, unsigned long *u_vaddr)
9    {
10       int i;
11
12       for (i = 0; i < NR_SHMEM; i++)
13       {
14           if (match(name, shmem_table[i].name, NAME_LEN))
15           {
16               shmem_table[i].count++;
17               break;
18           }
19       }
20       if (i == NR_SHMEM)
21       {
22           for (i = 0; i < NR_SHMEM; i++)
23           {
24               if (shmem_table[i].count != 0)
25                   continue;
26               shmem_table[i].count = 1;
27               copy_string(shmem_table[i].name, name);
28               break;
29           }
30           if (i == NR_SHMEM)
31               panic("shmem_table[NR_SHMEM] is empty!\n");
32       }
33       share_page(shmem_table[i].mem);
34       put_page(current, current->shmem_end, shmem_table[i].mem, PTE_PLV | PTE_
             D | PTE_V);
35       *u_vaddr = current->shmem_end;
36       current->shmem_end += PAGE_SIZE;
37       return 0;
38   }
```

下面对代码清单 11.6 进行说明。

- 第 12～19 行：遍历 shmem_table 数组中的每个共享页，调用 match 函数，对共享页的名字和 name 参数进行匹配，若匹配成功，则将该共享页的使用计数加 1，然后结束循环。
- 第 20～32 行：若匹配失败，则在第 15～22 行中再次遍历 shmem_table 数组中的每个共享页，查找空闲共享页。在第 24～25 行中，若共享页不空闲，则继续遍历。在第 26～28 行中，若找到空闲共享页，则将该共享页的使用计数设置为 1，初始化该共享页的名字后，结束循环。在第 30～31 行中，若 shmem_table 数组中没有空闲共享页，则直接执行 panic 操作。
- 第 33 行：调用 share_page 函数，将共享页设置为共享状态。
- 第 34 行：调用 put_page 函数，为共享页和进程描述符中 shmem_end 字段指向的虚拟页 vpage 建立映射，并将虚拟页 vpage 的访问属性设置为可写。
- 第 35 行：将虚拟页 vpage 的起始地址存放到用户态下的 u_vaddr 变量中。
- 第 36～37 行：将进程描述符中的 shmem_end 字段指向虚拟页 vpage 的末尾地址后，系统调用返回。

11.1.4 复制页表

因为共享页只能通过 shmem 系统调用申请，所以在 copy_page_table 函数中，遍历到与共享页建立映射关系的虚拟页时，不做复制操作。因此，本章实验 code11 中 copy_page_table 函数的第 3 版在第 2 版的基础上加入了对共享页的判断，copy_page_table 函数（第 3 版）的实现详见代码清单 11.7。

代码清单 11.7 copy_page_table 函数（第 3 版）

```
1    #define ENTRYS 512
2    #define DMW_MASK 0x9000000000000000UL
3    #define PTE_D (1UL << 1)
4
5    void copy_page_table(struct process *from, struct process *to)
6    {
7        unsigned long from_pd, to_pd, from_pt, to_pt;
8        unsigned long *from_pde, *to_pde, *from_pte, *to_pte;
9        unsigned long page;
10       int i, j;
11
12       from_pd = from->page_directory;
13       from_pde = (unsigned long *)from_pd;
14       to_pd = to->page_directory;
15       to_pde = (unsigned long *)to_pd;
16       for(i = 0; i < ENTRYS; i++, from_pde++, to_pde++)
17       {
18           if (*from_pde == 0)
19               continue;
20           from_pt = *from_pde | DMW_MASK;
21           from_pte = (unsigned long *)from_pt;
22           to_pt = get_page();
23           to_pte = (unsigned long *)to_pt;
24           *to_pde = to_pt & ~DMW_MASK;
```

```
25                for (j = 0; j < ENTRYS; j++, from_pte++, to_pte++)
26                {
27                    if (*from_pte == 0)
28                        continue;
29                    page = (~0xfffUL & *from_pte) | DMW_MASK;
30    (+)             if (is_share_page(page) && (*from_pte & PTE_D))
31    (+)                 continue;
32                    share_page(page);
33                    *from_pte &= ~PTE_D;
34                    *to_pte = *from_pte;
35                }
36            }
37        invalidate();
38    }
```

在第 30～31 行中，若待复制的虚拟页对应的物理页在 mem_map 数组中的值大于 1，并且该物理页对应的虚拟页的访问属性为可写，则说明该物理页是一个共享页，因此不进行复制操作。

11.1.5　释放页表

因为在系统调用 exe 和 exit 调用 free_page_table 函数释放页表的过程中，涉及共享页的释放，所以本章实验 code11 中 free_page_table 函数的第 2 版在第 1 版的基础上增加了对共享页的判断，free_page_table 函数（第 2 版）的实现详见代码清单 11.8。

代码清单 11.8　free_page_table 函数（第 2 版）

```
1     #define ENTRYS 512
2     #define DMW_MASK 0x9000000000000000UL
3     #define PTE_D (1UL << 1)
4     #define NR_SHMEM 16
5
6     void free_page_table(struct process *p)
7     {
8         unsigned long pd, pt;
9         unsigned long *pde, *pte;
10        unsigned long page;
11
12        pd = p->page_directory;
13        pde = (unsigned long *)pd;
14        for (int i = 0; i < ENTRYS; i++, pde++)
15        {
16            if (*pde == 0)
17                continue;
18            pt = *pde | DMW_MASK;
19            pte = (unsigned long *)pt;
20            for (int j = 0; j < ENTRYS; j++, pte++)
21            {
22                if (*pte == 0)
23                    continue;
24                page = (~0xfffUL & *pte) | DMW_MASK;
25    (+)         if (is_share_page(page) && (*pte & PTE_D))
26    (+)         {
27    (+)             for (i = 0; i < NR_SHMEM; i++)
```

```
28    (+)                    {
29    (+)                        if (shmem_table[i].mem == page)
30    (+)                        {
31    (+)                            shmem_table[i].count--;
32    (+)                            break;
33    (+)                        }
34    (+)                    }
35    (+)                }
36                    free_page(page);
37                    *pte = 0;
38                }
39                free_page(*pde | DMW_MASK);
40                *pde = 0;
41            }
42    }
```

在第 25～35 行中，若待释放的物理页是一个共享页，则在第 27～34 行中，遍历 shmem_table 数组；在第 29～33 行中，若遍历到的共享页是待释放的物理页，则将该共享页的使用计数减 1 后结束遍历。

11.1.6 共享内存实例

在本章实验 code11 的 shmem 程序中，父进程和子进程通过调用 shmem 系统调用，共享名为 plane 的共享内存。shmem 程序对应的 shmem.S 汇编程序的实现详见代码清单 11.9。

代码清单 11.9 shmem.S 汇编程序

```
1    #include "asm.h"
2
3        .globl start
4    start:
5        syscall2_aa NR_shmem,share_name,share_vaddr_f
6        la $t0, share_vaddr_f
7        ld.d $t0, $t0, 0
8        ori $t1,$r0,48
9        st.d $t1, $t0, 0
10       syscall0 NR_fork
11       bnez $a0, father
12   child:
13       syscall2_aa NR_shmem,share_name,share_vaddr_c
14       la $t0, share_vaddr_c
15       ld.d $t0, $t0, 0
16       ori $t1,$r0,49
17       st.d $t1, $t0, 0
18       syscall0 NR_exit
19   father:
20       syscall1_p NR_output, share_vaddr_f
21       syscall0 NR_pause
22       syscall1_p NR_output, share_vaddr_f
23       syscall1_a NR_output, str
24       syscall0 NR_exit
25
26   share_name:
27       .string "plane"
```

```
28    share_vaddr_f:
29        .quad 0
30    share_vaddr_c:
31        .quad 0
32    str:
33        .string "\n"
```

下面对代码清单 11.9 进行说明。

- **第 5 行**：父进程调用 shmem 系统调用，申请名为 plane 的共享内存。因为此时系统中没有名为 plane 的共享内存，所以 sys_shmem 需要在 shmem_table 数组中申请空闲共享内存，并对其初始化。之后，把在父进程的进程地址空间中与 plane 共享内存建立映射的虚拟页的起始地址存放到 share_vaddr_f 变量中。
- **第 6~9 行**：父进程直接向 plane 共享内存中写入字符 "0"（ASCII 值为 48）。
- **第 10 行**：父进程调用 fork 系统调用，创建子进程。根据返回值，父进程和子进程运行各自的代码。
- **第 12~18 行**：子进程运行的代码。其中，在**第 13 行**中，子进程调用 shmem 系统调用，申请名为 plane 的共享内存。因为此时系统中已有名为 plane 的共享内存，所以，sys_shmem 把在子进程的进程地址空间中与 plane 共享内存建立映射的虚拟页的起始地址存放到 share_vaddr_c 变量中。在**第 14~17 行**中，子进程直接向 plane 共享内存中写入字符 "1"（ASCII 值为 49）。在**第 18 行**中，调用系统调用 exit，子进程终止运行。
- **第 19~24 行**：父进程运行的代码。其中，在**第 20 行**中，调用 output 系统调用，在显示器上显示字符 "0"。在**第 21 行**中，调用 pause 系统调用，挂起父进程。在**第 22 行**中，等待子进程向 plane 共享内存写入字符 "1"，并在子进程终止运行后，父进程调用 output 系统调用，在显示器上显示字符 "1"。在**第 23~24 行**，调用 output 系统调用，在显示器上显示回车符后，调用系统调用 exit，父进程终止运行。

11.2　软件定时器

延时是程序常用的操作之一，MaQueOS 通过软件定时器为用户态下运行的进程提供延迟指定时间的功能。

11.2.1　软件定时器的实现原理

MaQueOS 为用户态下运行的进程提供了创建软件定时器的服务，对应的是 timer 系统调用。timer 系统调用的处理由 sys_timer 函数完成，sys_timer 函数的实现详见代码清单 11.10。sys_timer 函数的参数为需要延迟的时长（以秒为单位）。

代码清单 11.10　sys_timer 函数

```
1    #define NR_TIMER 10
2    #define TASK_UNINTERRUPTIBLE 1
3    struct timer
4    {
5        unsigned int alarm;
6        struct process *wait;
```

```
 7    };
 8    struct timer timer_table[NR_TIMER];
 9
10    int sys_timer(int seconds)
11    {
12        int i;
13
14        for (i = 0; i < NR_TIMER; i++)
15            if (timer_table[i].alarm == 0)
16                break;
17        if (i == NR_TIMER)
18            panic("panic: timer_table[] is empty!\n");
19        timer_table[i].alarm = jiffies + seconds;
20        timer_table[i].wait = current;
21        current->state = TASK_UNINTERRUPTIBLE;
22        schedule();
23        return 0;
24    }
```

下面对代码清单 11.10 进行说明。

- **第 3～8 行**：MaQueOS 在系统中维护了 10 个（NR_TIMER）软件定时器，每个软件定时器对应 1 个 timer 数据结构。timer 数据结构包括 2 个字段：alarm 字段和 wait 字段。所有软件定时器存放在 timer_table 数组中。

- **第 14～18 行**：遍历 timer_table 数组，获取 alarm 字段为 0 的空闲软件定时器。若 timer_table 数组中没有空闲软件定时器，则直接执行 panic 操作。

- **第 19～22 行**：若在 timer_table 数组中找到空闲软件定时器，则初始化该软件定时器的 alarm 和 wait 字段。其中，将系统当前 jiffies 变量的值与需要延迟的时长相加后，赋值给软件定时器的 alarm 字段，将软件定时器的 wait 字段指向当前进程。之后，将当前进程的状态设置为不可中断挂起状态（TASK_UNINTERRUPTIBLE）后，调用 schedule 函数，进行进程切换。

综上所述，假设系统当前 jiffies 变量的值为 100，需要延迟的时长为 10 秒，则软件定时器的 alarm 字段被设置为 110，并将软件定时器的 wait 字段指向当前进程，之后挂起当前进程。当系统运行 10 秒后，jiffies 变量与软件定时器的 alarm 字段中的值相同，即软件定时器定时到期后，唤醒该进程。软件定时器定时到期后的处理以及进程的唤醒过程由 timer_interrupt 函数完成，timer_interrupt 函数（第 3 版）的实现详见代码清单 11.11。

代码清单 11.11　timer_interrupt 函数（第 3 版）

```
 1    #define NR_TIMER 10
 2    #define CSR_PRMD 0x1
 3    #define TASK_RUNNING 0
 4    #define CSR_PRMD_PPLV (3UL << 0)
 5    unsigned long jiffies = 0;
 6
 7    void timer_interrupt()
 8    {
 9    (+)int i;
10
11    (+)jiffies++;
```

```
12    (+)for (i = 0; i < NR_TIMER; i++)
13    (+){
14    (+)     if (timer_table[i].alarm == jiffies)
15    (+)     {
16    (+)          timer_table[i].alarm = 0;
17    (+)          timer_table[i].wait->state = TASK_RUNNING;
18    (+)     }
19    (+)}
20        if ((--current->counter) > 0)
21            return;
22        current->counter = 0;
23        if ((read_csr_32(CSR_PRMD) & CSR_PRMD_PPLV) == 0)
24            return;
25        schedule();
26    }
```

下面对代码清单 11.11 进行说明。

- **第 5 行**：为了实现软件定时器，MaQueOS 在系统中维护了一个全局变量 jiffies。jiffies 变量的初始值为 0。当系统初始化完成后，每隔 1 秒产生 1 次时钟中断，jiffies 变量的值自动加 1。
- **第 11 行**：将全局变量 jiffies 的值加 1。
- **第 12~19 行**：遍历 timer_table 数组。在**第 14~18 行**中，若找到定时到期的软件定时器，则在**第 16 行**中将该软件定时器的 alarm 字段设置为 0，表示释放该软件定时器。在**第 17 行**中，唤醒使用该软件定时器的进程。

11.2.2 软件定时器实例

在本章实验 code11 的 hello 程序中，通过调用 timer 系统调用，实现延时的功能。hello 程序对应的 hello.S 汇编程序的实现详见代码清单 11.12。

代码清单 11.12　hello.S 汇编程序

```
1    #include "asm.h"
2
3        .globl start
4    start:
5        ori $t0, $r0, 3
6    output:
7        syscall1_a NR_output, str
8    timer:
9        syscall1_i NR_timer,1
10       addi.d $t0,$t0,-1
11       bnez $t0, output
12   exit:
13       syscall0 NR_exit
14
15   str:
16       .string "hello xtos!\n"
```

下面对代码清单 11.12 进行说明。

- **第 5 行**：将 t0 寄存器设置为 3，即循环显示 3 次"hello xtos!"字符串。

- 第 7 行：调用 output 系统调用，在显示器上显示"hello xtos！"字符串。
- 第 9 行：调用 timer 系统调用，延时 1 秒。
- 第 10～13 行：若循环次数未到达 3 次，则跳转到第 7 行，继续调用 output 系统调用，在显示器上显示"hello xtos！"字符串；否则，运行第 13 行的代码，调用 exit 系统调用，进程终止运行。

11.3   本章任务

1. MaQueOS 仅支持 4KB 大小的共享内存，尝试在 MaQueOS 中实现对任意大小的共享内存的支持。

2.（飞机大战）结合第 1～11 章的内容以及本章任务，编写 1 个飞机大战程序，该程序的设计详见附录 E。（本任务暂不实现 pwar.log 文件相关的操作。）

第 12 章　文件操作

本章介绍 xtfs 文件系统中基本文件操作的具体实现，包括文件的创建、删除、打开、关闭和读写等。为了给应用程序提供基本文件操作的功能，MaQueOS 为上述 6 个文件操作实现了 6 个系统调用：create、destroy、open、close、write 和 read。除此之外，MaQueOS 还实现了一个 sync 系统调用，该系统调用的作用是将内存缓冲区的内容写回硬盘对应的数据块中，其中包括 xtfs 文件系统中的 0 号数据块和 1 号数据块的内容。为了验证文件操作的正确性，基于这 7 个系统调用接口，本章实验 code12 实现了 5 个应用程序 create、write、read、destroy 和 sync。其中，create 应用程序通过使用 create 系统调用创建一个常规文件 hello_xt。write 应用程序首先通过使用 open 系统调用打开 hello_xt 文件，然后使用 write 系统调用向文件中写入字符串"hello, xt!"，最后通过使用 close 系统调用关闭文件。read 应用程序首先通过使用 open 系统调用打开文件 hello_xt，然后使用 read 系统调用从该文件中读取内容"hello, xt!"，将读取的内容显示在显示器上后，通过使用 close 系统调用关闭文件。destroy 应用程序通过使用 destroy 系统调用删除 hello_xt 文件。sync 应用程序通过使用 sync 系统调用将内存缓冲区中的内容写回到硬盘对应的数据块。

12.1　创建文件

用户通常以文件的方式向磁盘写入（或者从磁盘读出）数据，在此之前，需要先创建文件。MaQueOS 为用户态下运行的进程提供了创建文件的服务，对应的是 create 系统调用。

12.1.1　创建文件的过程

create 系统调用的处理由 sys_create 函数完成，sys_create 函数的实现详见代码清单 12.1。在用户态下使用 create 系统调用时，需要将待创建文件的文件名作为参数传递给 sys_create 函数。

代码清单 12.1　sys_create 函数

```
1    #define BLOCK_SIZE 512
2    #define NR_INODE BLOCK_SIZE / sizeof(struct inode)
3
4    int sys_create(char *filename)
5    {
6        int i;
7
8        if (find_inode(filename))
9            return -1;
10       for (i = 0; i < NR_INODE; i++)
11           if (inode_table[i].type == 0)
12               break;
```

```
13          if (i == NR_INODE)
14              panic("panic: inode_table[] is empty!\n");
15          inode_table[i].type = 2;
16          inode_table[i].index_table_blocknr = get_block();
17          inode_table[i].size = 0;
18          copy_string(inode_table[i].filename, filename);
19          return 0;
20      }
```

下面对代码清单 12.1 进行说明。

- **第 8～9 行**：调用 find_inode 函数，在 inode_table 数组表中，查找待创建文件的 inode，若找到，表示该文件已存在，则直接返回 −1。

- **第 10～14 行**：遍历 inode_table 数组，查找空闲 inode，若 inode_table 数组中没有空闲 inode，则直接执行 panic 操作。

- **第 15～18 行**：若找到空闲 inode，则对该 inode 的 4 个字段进行初始化。其中，在**第 15 行**中，因为 create 系统调用只能创建常规文件，所以 type 字段的值为 2。在**第 16 行**中，调用 get_block 函数，为待创建文件的数据块索引表申请 1 个空闲数据块，并将该数据块的块号赋值给 index_table_blocknr 字段。get_block 函数的实现详见代码清单 12.2。在**第 17 行**中，size 字段的值为 0。在**第 18 行**中，调用 copy_string 库函数，将待创建文件的文件名复制到 filename 字段中。

代码清单 12.2　get_block 函数

```
1    #define BLOCK_SIZE 512
2
3    short get_block()
4    {
5        short blocknr;
6        int i, j;
7
8        for (i = 0; i < BLOCK_SIZE; i++)
9        {
10           if (block_map[i] == 255)
11               continue;
12           for (j = 0; j < 8; j++)
13           {
14               if ((block_map[i] & (1 << j)) != 0)
15                   continue;
16               block_map[i] |= 1 << j;
17               blocknr = i * 8 + j;
18               clear_block(blocknr);
19               return blocknr;
20           }
21       }
22       panic("panic: block_map[] is empty!\n");
23       return 0;
24   }
```

下面对代码清单 12.2 进行说明。

- **第 8～21 行**：以字节为单位，遍历 block_map 数组，查找空闲数据块。在**第 10～11**

行中，若当前字节的值为 255，表示该字节对应的 8 个数据块已被占用，则继续遍历。在第 12～20 行中，若当前字节的值不为 255，表示该字节对应的 8 个数据块中有空闲数据块，则遍历当前字节中的 8 个比特，找到第 1 个空闲数据块后，在**第 18 行**中调用 clear_block 函数，清空该数据块的内容。clear_block 函数的实现详见代码清单 12.3。在**第 19 行**中，返回该数据块的块号。

- **第 22 行**：若 xtfs 文件系统中没有空闲数据块，则直接执行 panic 操作。

代码清单 12.3 clear_block 函数

```
1    #define BLOCK_SIZE 512
2
3    void clear_block(short blocknr)
4    {
5        char *p;
6
7        p = read_block(blocknr);
8        set_mem(p, 0, BLOCK_SIZE);
9    }
```

在**第 7～8 行**中，调用 read_block 函数，获取指向数据块内容的指针后，调用 set_mem 库函数，将该数据块中的内容清 0。

12.1.2 创建文件实例

在本章实验 code12 的 run 目录下，启动 MaQueOS 后，使用 hexdump 命令查看到的 xtfs.img 的内容如下面的代码所示。此时，在 xtsf 文件系统中已存在 10 个可执行文件，并且数据块已使用了 102 块。

```
1    00000000  00 12 00 00 0b 00 01 78  74 73 68 00 00 00 00 00  |.......xtsh.....|
2    00000010  00 12 00 00 15 00 01 70  72 69 6e 74 00 00 00 00  |.......print....|
3    00000020  00 12 00 00 1f 00 01 73  68 61 72 65 00 00 00 00  |.......share....|
4    00000030  00 12 00 00 29 00 01 73  68 6d 65 6d 00 00 00 00  |....)..shmem....|
5    00000040  00 12 00 00 33 00 01 68  65 6c 6c 6f 00 00 00 00  |....3..hello....|
6    00000050  00 12 00 00 3d 00 01 72  65 61 64 00 00 00 00 00  |....=..read.....|
7    00000060  00 12 00 00 47 00 01 77  72 69 74 65 00 00 00 00  |....G..write....|
8    00000070  00 12 00 00 51 00 01 63  72 65 61 74 65 00 00 00  |....Q..create...|
9    00000080  00 12 00 00 5b 00 01 64  65 73 74 72 6f 79 00 00  |....[..destroy..|
10   00000090  00 12 00 00 65 00 01 73  79 6e 63 00 00 00 00 00  |....e..sync.....|
11   *
12   00000200  ff ff ff ff ff ff ff ff  ff ff ff ff 3f 00 00 00  |............?...|
13   *
14   00200000
```

在 MaQueOS 的 xtsh 中运行 create 程序，创建 hello_xt 文件后，再运行 sync 程序，将内存缓冲区中的内容写回到硬盘。其中，create 程序对应的汇编文件为 create.S（create.S 汇编程序的实现详见代码清单 12.4），sync 程序对应的汇编文件为 sync.S（sync.S 汇编程序的实现详见代码清单 12.5）。之后，使用 hexdump 命令，查看到的 xtfs.img 的内容如下所示。

```
1    00000000  00 12 00 00 0b 00 01 78  74 73 68 00 00 00 00 00  |.......xtsh.....|
2    00000010  00 12 00 00 15 00 01 70  72 69 6e 74 00 00 00 00  |.......print....|
3    00000020  00 12 00 00 1f 00 01 73  68 61 72 65 00 00 00 00  |.......share....|
```

```
 4   00000030   00 12 00 00 29 00 01 73   68 6d 65 6d 00 00 00 00   |....)..shmem....|
 5   00000040   00 12 00 00 33 00 01 68   65 6c 6c 6f 00 00 00 00   |....3..hello....|
 6   00000050   00 12 00 00 3d 00 01 72   65 61 64 00 00 00 00 00   |....=..read.....|
 7   00000060   00 12 00 00 47 00 01 77   72 69 74 65 00 00 00 00   |....G..write....|
 8   00000070   00 12 00 00 51 00 01 63   72 65 61 74 65 00 00 00   |....Q..create...|
 9   00000080   00 12 00 00 5b 00 01 64   65 73 74 72 6f 79 00 00   |....[..destroy..|
10   00000090   00 12 00 00 65 00 01 73   79 6e 63 00 00 00 00 00   |....e..sync.....|
11   000000a0   00 00 00 00 66 00 02 68   65 6c 6c 6f 5f 78 74 00   |....f..hello_xt.|
12   *
13   00000200   ff ff ff ff ff ff ff ff   ff ff ff ff 7f 00 00 00   |................|
14   *
15   0000cc00   00 00 00 00 00 00 00 00   00 00 00 00 00 00 00 00   |................|
16   *
17   00200000
```

此时，① inode 表中增加了 1 项（地址为 0xa0），其中 size 字段的值为 0x00000000（hello_xt 文件的大小为 0），index_table_blocknr 字段的值为 0x0066（hello_xt 文件的数据块索引表占用 102 号数据块），type 字段的值为 0x02（hello_xt 文件是常规文件），filename 字段的值为"hello_xt"字符串的 ASCII 值。②在创建 hello_xt 文件的过程中，为其分配了 1 个用于存放数据块索引表的数据块。如前所述，该数据块的块号为 0x66，因此，数据块位图中的 102 号数据块对应的比特由 0 变为 1（地址为 0x20c）。③ hello_xt 文件的数据块索引表中的内容为空（地址为 0xcc00）。至此，hello_xt 文件创建成功。

代码清单 12.4   create.S 汇编程序

```
 1   #include "asm.h"
 2
 3       .globl start
 4   start:
 5       addi.d $t0, $r0, -1
 6   create:
 7       syscall1_a NR_create, file
 8       bne $t0, $a0, ok
 9       syscall1_a NR_output, str
10       b exit
11   ok:
12       syscall1_a NR_output, str1
13   exit:
14       syscall0 NR_exit
15
16   str:
17       .string "file exist.\n"
18   str1:
19       .string "create successfully.\n"
20   file:
21       .string "hello_xt"
```

下面对代码清单 12.4 进行说明。

- **第 5 行**：将 t0 寄存器的值设置为 –1。
- **第 7 行**：调用 create 系统调用，创建文件名为"hello_xt"的文件。
- **第 8 行**：对 create 系统调用的返回值和 t0 寄存器中的值 –1 进行比较。若返回值为 –1，表示 xtfs 文件系统中已经存在"hello_xt"文件（详见代码清单 12.1 的第 9

行），则运行第 9 行代码，在显示器上显示字符串"file exist."；若返回值不为 –1，表示创建成功，则跳转到第 12 行代码，在显示器上显示字符串"create successfully."。

- 第 14 行：调用 exit 系统调用，进程终止运行。

代码清单 12.5　sync.S 汇编程序

```
1    #include "asm.h"
2
3        .globl start
4    start:
5        syscall0 NR_sync
6    exit:
7        syscall0 NR_exit
8
9    str:
10       .string "\n"
```

下面对代码清单 12.5 进行说明。

- 第 5 行：调用 sync 系统调用，将内存缓冲区中的内容写回到硬盘中对应的数据块中，包括 xtfs 文件系统中的 0 号数据块和 1 号数据块的内容。sync 系统调用的处理由 sys_sync 函数完成，sys_sync 函数（第 2 版）的实现详见代码清单 12.6。
- 第 7 行：调用 exit 系统调用，进程终止运行。

代码清单 12.6　sys_sync 函数（第 2 版）

```
1    #define NR_BUFFER 16
2    #define WRITE 0x35
3
4    int sys_sync()
5    {
6        int i;
7
8    (+) write_first_two_blocks();
9        lock_disk();
10       for (i = 0; i < NR_BUFFER; i++)
11       {
12           if (buffer_table[i].blocknr != -1)
13           rw_disk_block(WRITE, buffer_table[i].blocknr, buffer_table[i].
                 data);
14       }
15       unlock_disk();
16       return 0;
17   }
```

在第 8 行中，本章实验 code12 中的 sys_sync 函数的第 2 版在第 1 版的基础上增加了对 inode_table 数组和 block_map 数组的写回操作。写回过程由 write_first_two_blocks 函数完成，write_first_two_blocks 函数的实现详见代码清单 12.7。

代码清单 12.7　write_first_two_blocks 函数

```
1    void write_first_two_blocks()
2    {
3        write_block(0, (char *)inode_table);
```

```
4        write_block(1, block_map);
5    }
```

在**第 3～4 行**中，将 inode_table 数组和 block_map 数组中的内容写回到 xtfs 文件系统中的 0 号数据块和 1 号数据块中。

12.2 写文件

在写文件前需要打开文件，在写文件完成后需要关闭文件。因此，MaQueOS 为用户态下运行的进程提供了打开、关闭和写文件的服务，分别对应 open、close 和 write 系统调用。

12.2.1 打开文件的过程

在 MaQueOS 中，为每个打开的文件创建一个 file 数据结构（定义详见代码清单 12.8 的第 2～7 行），file 数据结构包含 3 个字段：

1）inode 字段，指向打开文件的 inode。

2）pos_r 字段，在读操作时，存放下一个待读数据块在文件数据块索引表中的索引。

3）pos_w 字段，在写操作时，存放下一个待写数据块在文件数据块索引表中的索引。

如代码清单 12.9 所示，本章实验 code12 中 process 数据结构的第 6 版在第 5 版的基础上增加了一个用于存放 file 数据结构的数组 file_table。该数组用于管理该进程打开的所有文件，它的大小为 10（NR_FILE），即每个进程最多可以同时打开 10 个文件。

open 系统调用的处理由 sys_open 函数完成，sys_open 函数的实现详见代码清单 12.8。在用户态下调用 open 系统调用时，需要将待打开文件的文件名作为参数传递给 sys_open 函数。

代码清单 12.8　sys_open 函数

```
1    #define NR_FILE 10
2    struct file
3    {
4        struct inode *inode;
5        short pos_r;
6        short pos_w;
7    };
8
9    int sys_open(char *filename)
10   {
11       int i;
12       struct inode *inode;
13
14       inode = find_inode(filename);
15       if (!inode)
16           return -1;
17       if (inode->type != 2)
18           panic("panic: wrong type!\n");
19       for (i = 0; i < NR_FILE; i++)
20           if (current->file_table[i].inode == 0)
21               break;
22       if (i == NR_FILE)
```

```
23              panic("panic: current->file_table[] is empty!\n");
24          current->file_table[i].inode = inode;
25          current->file_table[i].pos_r = 0;
26          current->file_table[i].pos_w = 0;
27          return i;
28      }
```

下面对代码清单 12.8 进行说明。

- **第 14～16 行**：调用 find_inode 函数，在 inode_table 数组表中，查找待打开文件的 inode，若未找到，表示该文件不存在，则直接返回 –1。
- **第 17～18 行**：因为 MaQueOS 仅支持对常规文件进行读写，所以用户通过 open 系统调用只能打开常规文件，即 inode 中 type 字段为 2 的文件。当待打开文件不是常规文件时，直接执行 panic 操作。
- **第 19～23 行**：遍历当前进程的 file_table 数组，查找空闲项，若 file_table 数组中没有空闲项，表示当前进程已经同时打开了 10 个文件，则直接执行 panic 操作。
- **第 24～26 行**：若找到空闲项，则对 file 数据结构中的 3 个字段进行初始化。其中，inode 字段指向第 14 行获取的待打开文件的 inode；pos_r 字段和 pos_w 字段的值设置为 0，表示下一个待读 / 写数据块在文件数据块索引表中的索引为 0。
- **第 27 行**：返回查找到的 file 数据结构在当前进程的 file_table 数组中的索引（以下简称文件句柄）。

代码清单 12.9　process 数据结构（第 6 版）

```
1     #define NR_FILE 10
2     struct process
3     {
4         int state;
5         int pid;
6         int counter;
7         int signal_exit;
8         unsigned long exe_end;
9         unsigned long shmem_end;
10        unsigned long page_directory;
11        struct inode *executable;
12        struct process *father;
13        struct process *wait_next;
14   (+) struct file file_table[NR_FILE];
15        struct context context;
16    };
```

在**第 14 行**中，file_table 字段用于存放该进程打开的所有文件的 file 数据结构。

12.2.2　写文件的过程

在 xtfs 文件系统中，write 系统调用仅支持以数据块大小为单位的写操作。write 系统调用的处理由 sys_write 函数完成，sys_write 函数的实现详见代码清单 12.10。在用户态下调用 write 系统调用时，需要将待写文件的文件句柄，以及待写数据在用户态下的缓冲块的起始虚拟地址作为参数传递给 sys_write 函数。

代码清单 12.10 sys_write 函数

```
1    #define BLOCK_SIZE 512
2
3    int sys_write(int fd, char *buf)
4    {
5        struct file *file;
6        short file_blocknr;
7        short blocknr;
8        short *index_table;
9
10       file = &current->file_table[fd];
11       file_blocknr = file->pos_w++;
12       index_table = (short *)read_block(file->inode->index_table_blocknr);
13       blocknr = index_table[file_blocknr];
14       if (blocknr == 0)
15       {
16           blocknr = get_block();
17           index_table[file_blocknr] = blocknr;
18       }
19       write_block(blocknr, buf);
20       file->inode->size += BLOCK_SIZE;
21       return 0;
22   }
```

下面对代码清单 12.10 进行说明。

- **第 10 行**：通过文件句柄获取待写文件的 file 数据结构。
- **第 11 行**：获取保存在 pos_w 字段的下一个待写数据块在待写文件的文件数据块索引表中的索引 file_blocknr。
- **第 12 行**：调用 read_block 函数，读取待写文件的数据块索引表。
- **第 13～18 行**：在数据块索引表中，通过索引 file_blocknr 获取待写数据块的块号 blocknr。若获取到的数据块号 blocknr 为 0，则在**第 16 行**中为待写数据从 xtfs 文件系统中申请一个空闲数据块，用于存放待写数据；在**第 17 行**中，将该空闲数据块的块号记录到数据块索引表对应的项中。
- **第 19 行**：调用 write_block 函数，将 buf 中的内容写至 blocknr 号数据块中。
- **第 20 行**：如前所述，MaQueOS 仅支持以数据块为单位的写操作。因此，完成写操作后，需要将文件大小增加 512B。

12.2.3 关闭文件的过程

MaQueOS 为用户态下运行的进程提供了关闭文件的服务，对应的是 close 系统调用。close 系统调用的处理由 sys_close 函数完成，sys_close 函数的实现详见代码清单 12.11。在用户态下调用 close 系统调用时，需要将待关闭文件的文件句柄作为参数传递给 sys_close 函数。

当进程终止运行或者重新加载运行二进制可执行代码时，需要关闭该进程打开的所有文件。该功能由 close_files 函数完成，close_files 函数的实现详见代码清单 12.12。因此，close_files 函数分别在 sys_exit 函数（进程终止运行）和 sys_exe 函数（重新加载运行二进制可执行代码）中被调用。其中，sys_exit 函数的实现详见代码清单 12.13，sys_exe 函数的实现详见代码清单 12.14。

代码清单 12.11 sys_close 函数

```
1    int sys_close(int i)
2    {
3        current->file_table[i].inode = 0;
4        current->file_table[i].pos_r = 0;
5        current->file_table[i].pos_w = 0;
6        return 0;
7    }
```

在第 3～5 行中，将文件句柄指向的当前进程打开的文件的 file 数据结构中的 3 个字段清 0。完成对文件的关闭操作。

代码清单 12.12 close_files 函数

```
1    #define NR_FILE 10
2
3    void close_files()
4    {
5        int i;
6
7        for (i = 0; i < NR_FILE; i++)
8        {
9            if (current->file_table[i].inode)
10               sys_close(i);
11       }
12   }
```

在第 7～11 行中，遍历当前进程的 file_table 数组，循环调用 sys_close 函数，关闭当前进程打开的所有文件。

代码清单 12.13 sys_exit 函数（第 2 版）

```
1    int sys_exit()
2    {
3    (+)close_files();
4        current->state = TASK_EXIT;
5        tell_father();
6        schedule();
7        return 0;
8    }
```

在第 3 行中，本章实验 code12 中 sys_exit 函数的第 2 版在第 1 版的基础上，通过调用 close_files 函数，关闭当前进程打开的所有文件。

代码清单 12.14 sys_exe 函数（第 3 版）

```
1    int sys_exe(char *filename, char *arg)
2    {
3        struct inode *inode;
4        struct exe_xt exe;
5        unsigned long arg_page;
```

```
 6
 7    (+) close_files();
 8        inode = find_inode(filename);
 9        if (!inode)
10            return 0;
11        read_inode_block(inode, 0, (char *)&exe, sizeof(struct exe_xt));
12        if (exe.magic != 0x7478 || inode->type != 1)
13            panic("panic: the file is not executable!\n");
14        current->executable = inode;
15        current->exe_end = exe.length;
16        arg_page = get_page();
17        copy_string((char *)arg_page, arg);
18        free_page_table(current);
19        put_page(current, VMEM_SIZE - PAGE_SIZE, arg_page, PTE_PLV | PTE_D |
            PTE_V);
20        invalidate();
21        return VMEM_SIZE - PAGE_SIZE;
22    }
```

在**第 7 行**中，本章实验 code12 中 sys_exe 函数的第 3 版在第 2 版的基础上，通过调用 close_files 函数，关闭当前进程打开的所有文件。

12.2.4　写文件实例

在 MaQueOS 的 xtsh 中，运行完 create 程序后，继续运行 write 程序，在 hello_xt 文件中写入字符串 "hello, xt!"；接着，运行 sync 程序，将内存缓冲区中的内容写回到硬盘。其中，write 程序对应的汇编文件为 write.S（write.S 汇编程序的实现详见代码清单 12.15），之后，使用 hexdump 命令查看到的 xtfs.img 的内容如下所示：

```
 1    00000000  00 12 00 00 0b 00 01 78  74 73 68 00 00 00 00 00  |.......xtsh.....|
 2    00000010  00 12 00 00 15 00 01 70  72 69 6e 74 00 00 00 00  |.......print....|
 3    00000020  00 12 00 00 1f 00 01 73  68 61 72 65 00 00 00 00  |.......share....|
 4    00000030  00 12 00 00 29 00 01 73  68 6d 65 6d 00 00 00 00  |...)..shmem....|
 5    00000040  00 12 00 00 33 00 01 68  65 6c 6c 6f 00 00 00 00  |....3..hello....|
 6    00000050  00 12 00 00 3d 00 01 72  65 61 64 00 00 00 00 00  |....=..read.....|
 7    00000060  00 12 00 00 47 00 01 77  72 69 74 65 00 00 00 00  |....G..write....|
 8    00000070  00 12 00 00 51 00 01 72  65 61 74 65 00 00 00 00  |....Q..create...|
 9    00000080  00 12 00 00 5b 00 01 64  65 73 74 72 6f 79 00 00  |....[..destroy..|
10    00000090  00 12 00 00 65 00 01 73  79 6e 63 00 00 00 00 00  |....e..sync.....|
11    000000a0  00 02 00 00 66 00 02 68  65 6c 6c 6f 5f 78 74 00  |....f..hello_xt.|
12    *
13    00000200  ff ff ff ff ff ff ff ff  ff ff ff ff ff 00 00 00  |................|
14    *
15    0000cc00  67 00 00 00 00 00 00 00  00 00 00 00 00 00 00 00  |g...............|
16    *
17    0000ce00  68 65 6c 6c 6f 2c 20 78  74 21 0a 00 00 00 00 00  |hello, xt!......|
18    *
19    00200000
```

此时，①在 inode 表中，hello_xt 文件对应的 inode 中的 size 字段的值由 0x00000000 变为 0x00000200（hello_xt 文件的大小为 512B），其余 3 个字段的值未发生变化。②因为字符串 "hello, xt!" 被写入 xtfs 文件系统的 103 号数据块中（地址为 0xce00），所以 hello_xt

文件的数据块索引表中第 0 项的值为 0x0067（地址为 0xcc00），数据块位图中的 103 号数据块对应的比特由 0 变为 1（地址为 0x20c）。至此，成功地向 hello_xt 文件中写入了字符串"hello,　xt!"。

代码清单 12.15　write.S 汇编程序

```
1    #include "asm.h"
2
3        .globl start
4    start:
5        addi.d $t0, $r0, -1
6    open:
7        syscall1_a NR_open, file
8        bne $t0, $a0, write
9        syscall1_a NR_output, str
10       b exit
11   write:
12       or $t1, $a0, $r0
13       syscall2_ra NR_write,$t1,buf_write
14   close:
15       syscall1_r NR_close,$t1
16   exit:
17       syscall0 NR_exit
18
19   str:
20       .string "file does not exist.\n"
21   file:
22       .string "hello_xt"
23   buf_write:
24       .ascii "hello, xt!\n\0"
25       .fill 500,1,0
```

下面对代码清单 12.15 进行说明。
- **第 5 行**：将 t0 寄存器的值设置为 -1。
- **第 7 行**：调用 open 系统调用，打开文件名为"hello_xt"的文件。
- **第 8 行**：对 open 系统调用的返回值和 t0 寄存器中的值 -1 进行比较，若返回值为 -1，表示 xtfs 文件系统中不存在"hello_xt"文件（详见代码清单 12.8 的第 16 行），则运行第 9 行代码，在显示器上显示字符串"file does not exist."。若返回值不为 -1，表示打开成功，则跳转到第 12 行代码，进行写操作。
- **第 12 行**：将保存在 a0 寄存器中的 open 系统调用的返回值（文件句柄）赋值给 t1 寄存器。
- **第 13 行**：调用 write 系统调用，将字符串"hello,　xt!"写到"hello_xt"文件中。需要为 write 系统调用传递 2 个参数：①第 12 行中保存到 t1 寄存器中的文件句柄；②第 23～25 行中定义的缓冲块在用户态下的虚拟起始地址。如前所述，MaQueOS 仅支持以数据块大小为单位的写操作，因此，需要在字符串"hello,　xt!\n\0"（共 12 字节）后面填充 500 个 0。
- **第 15 行**：调用 close 系统调用，关闭"hello_xt"文件。参数为第 12 行中保存到 t1 寄存器的文件句柄。

- 第 17 行：调用 exit 系统调用，进程终止运行。

12.3　读文件

与写文件类似，读文件前同样需要先打开文件，读文件完成后关闭文件。MaQueOS 为用户态下运行的进程提供了读文件的服务，对应的是 read 系统调用。

12.3.1　读文件的过程

在 xtfs 文件系统中，read 系统调用仅支持以数据块大小为单位的读操作。read 系统调用的处理由 sys_read 函数完成，sys_read 函数的实现详见代码清单 12.16。在用户态下调用 read 系统调用时，需要将待读文件的句柄，以及在用户态下存放待读数据的缓冲块的起始虚拟地址作为参数传递给 sys_create 函数。

代码清单 12.16　sys_read 函数

```
1    #define BLOCK_SIZE 512
2
3    int sys_read(int fd, char *buf)
4    {
5        struct file *file;
6        short file_blocknr;
7
8        file = &current->file_table[fd];
9        file_blocknr = file->pos_r++;
10       read_inode_block(file->inode, file_blocknr, buf, BLOCK_SIZE);
11       return 0;
12   }
```

下面对代码清单 12.16 进行说明。

- 第 8 行：通过文件句柄获取待读文件的 file 数据结构。
- 第 9 行：获取保存在 pos_r 字段的下一个待读数据块在待读文件的文件数据块索引表中的索引。
- 第 10 行：调用 read_inode_block 函数，将文件的待读数据块的内容读到用户态下的缓存块中。

12.3.2　读文件实例

在 MaQueOS 的 xtsh 中，运行完 create 和 write 程序后，继续运行 read 程序。read 程序从 hello_xt 文件中读取 write 程序写入的字符串" hello， xt!"后，将其显示到显示器。其中，read 程序对应的汇编文件为 read.S，read.S 汇编程序的实现详见代码清单 12.17。

代码清单 12.17　read.S 汇编程序

```
1    #include "asm.h"
2
3        .globl start
4    start:
5        addi.d $t0, $r0, -1
6    open:
```

```
 7        syscall1_a NR_open, file
 8        bne $t0, $a0, read
 9        syscall1_a NR_output, str
10        b exit
11   read:
12        or $t1, $a0, $r0
13        syscall2_ra NR_read,$t1,buf_read
14   close:
15        syscall1_r NR_close,$t1
16   print:
17        syscall1_a NR_output, buf_read
18   exit:
19        syscall0 NR_exit
20
21   str:
22        .string "file does not exist.\n"
23   file:
24        .string "hello_xt"
25   buf_read:
26        .fill 512,1,0
```

下面对代码清单 12.17 进行说明。

- **第 5 行**：将 t0 寄存器的值设置为 –1。
- **第 7 行**：调用 open 系统调用，打开文件名为"hello_xt"的文件。
- **第 8 行**：对 open 系统调用的返回值和 t0 寄存器中的值 –1 进行比较。若返回值为 –1，表示 xtfs 文件系统中不存在"hello_xt"文件（详见代码清单 12.8 的第 16 行），则运行第 9 行代码，在显示器上显示字符串"file does not exist."；若返回值不为 –1，表示打开成功，则跳转到第 12 行代码，进行读操作。
- **第 12 行**：将保存在 a0 寄存器中的 open 系统调用的返回值（文件句柄）赋值给 t1 寄存器。
- **第 13 行**：调用 read 系统调用，将"hello_xt"文件中的字符串"hello, xt!"读到 buf_read 中。需要为 read 系统调用传递 2 个参数：第 12 行中保存到 t1 寄存器的文件句柄，以及第 25~26 行中定义的缓冲块在用户态下的虚拟起始地址。如前所述，MaQueOS 仅支持以数据块大小为单位的读操作。
- **第 15 行**：调用 close 系统调用，关闭"hello_xt"文件。参数为第 12 行中保存到 t1 寄存器的文件句柄。
- **第 17~19 行**：调用 output 系统调用，将缓冲块中的字符串显示到显示器上后，调用 exit 系统调用，进程终止运行。

12.4 删除文件

当用户不再需要某个文件中的数据时，可以将其从磁盘上删除。MaQueOS 为用户态下运行的进程提供了删除文件的服务，对应的是 destroy 系统调用。

12.4.1 删除文件的过程

destroy 系统调用的处理由 sys_destroy 函数完成，sys_destroy 函数的实现详见代码清单 12.18。在用户态下调用 destroy 系统调用时，需要将待删除文件的文件名作为参数传递给 sys_destroy 函数。

代码清单 12.18   sys_destroy 函数

```
1    #define NR_PROCESS 64
2    #define NR_FILE 10
3
4    int sys_destroy(char *filename)
5    {
6        int i, j;
7        struct inode *inode;
8        short *index_table;
9
10       inode = find_inode(filename);
11       if (!inode)
12           return -1;
13       for (i = 1; i < NR_PROCESS; i++)
14       {
15           if (process[i] == 0)
16               continue;
17           if (process[i]->executable == inode)
18               panic("panic: can not destroy opened executable!\n");
19           for (j = 0; j < NR_FILE; j++)
20           {
21               if (process[i]->file_table[j].inode == inode)
22                   panic("panic: can not destroy opened file!\n");
23           }
24       }
25       index_table = (short *)read_block(inode->index_table_blocknr);
26       for (i = 0; i < 256; i++)
27       {
28           if (index_table[i] == 0)
29               break;
30           put_block(index_table[i]);
31       }
32       put_block(inode->index_table_blocknr);
33       inode->type = 0;
34       return 0;
35   }
```

下面对代码清单 12.18 进行说明。

- **第 10～12 行**：调用 find_inode 函数，在 inode_table 数组表中查找待删除文件的 inode，若未找到，表示该文件不存在，则直接返回 −1。
- **第 13～24 行**：遍历 process 数组中所有的进程。在**第 17～18 行**中，若待删除文件是某进程的可执行文件，则直接执行 panic 操作。在**第 19～23 行**中，若待删除文件已被某进程打开，则直接执行 panic 操作。
- **第 25 行**：若待删除文件既不是可执行文件，又没有被打开，则调用 read_block 函数，读取待删除文件的数据块索引表。
- **第 26～31 行**：遍历待删除文件的数据块索引表，释放该文件占用的数据块。其中，在**第 28～29 行**中，若数据块索引表中某项的值为 0，表示待删除文件中的数据块已被全部释放，则终止循环。在**第 30 行**中，若某项的值不为 0，则调用 put_block 函数，释放该项对应的数据块。put_block 函数的实现详见代码清单 12.19。

- **第 32 行**：当待删除文件中所有的数据块被释放后，调用 put_block 函数，释放该文件的数据块索引表占用的数据块。
- **第 33 行**：将待删除文件的 inode 中的 type 字段设置为 0，表示释放该 inode。至此，删除文件操作全部完成。

代码清单 12.19 put_block 函数

```
1   void put_block(short blocknr)
2   {
3       int i, j;
4
5       i = blocknr / 8;
6       j = blocknr % 8;
7       block_map[i] &= ~(1 << j);
8       free_block(blocknr);
9   }
```

下面对代码清单 12.19 进行说明。

- **第 5～7 行**：计算待释放数据块在 xtfs 文件系统的数据块位图中的位置，并将对应的比特设置为 0，表示该数据块已被释放。
- **第 8 行**：调用 free_block 函数，释放该数据块。

12.4.2 删除文件实例

在 MaQueOS 的 xtsh 中运行 destroy 程序，删除 hello_xt 文件后，再运行 sync 程序，将内存缓冲区中的内容写回到硬盘。其中，destroy 程序对应的汇编文件为 destroy.S（destroy.S 汇编程序的实现详见代码清单 12.20）。之后，使用 hexdump 命令，查看到的 xtfs.img 的内容如下所示：

```
1   00000000   00 12 00 00 0b 00 01 78   74 73 68 00 00 00 00 00   |.......xtsh.....|
2   00000010   00 12 00 00 15 00 01 70   72 69 6e 74 00 00 00 00   |.......print....|
3   00000020   00 12 00 00 1f 00 01 73   68 61 72 65 00 00 00 00   |.......share....|
4   00000030   00 12 00 00 29 00 01 73   68 6d 65 6d 00 00 00 00   |....)..shmem....|
5   00000040   00 12 00 00 33 00 01 68   65 6c 6c 6f 00 00 00 00   |....3..hello....|
6   00000050   00 12 00 00 3d 00 01 72   65 61 64 00 00 00 00 00   |....=..read.....|
7   00000060   00 12 00 00 47 00 01 77   72 69 74 65 00 00 00 00   |....G..write....|
8   00000070   00 12 00 00 51 00 01 63   72 65 61 74 65 00 00 00   |....Q..create...|
9   00000080   00 12 00 00 5b 00 01 64   65 73 74 72 6f 79 00 00   |....[..destroy..|
10  00000090   00 12 00 00 65 00 01 73   79 6e 63 00 00 00 00 00   |....e..sync.....|
11  000000a0   00 02 00 00 66 00 00 68   65 6c 6c 6f 5f 78 74 00   |....f..hello_xt.|
12  *
13  00000200   ff ff ff ff ff ff ff ff   ff ff ff ff 3f 00 00 00   |............?...|
14  *
15  0000cc00   67 00 00 00 00 00 00 00   00 00 00 00 00 00 00 00   |g...............|
16  *
17  0000ce00   68 65 6c 6c 6f 2c 20 78   74 21 0a 00 00 00 00 00   |hello, xt!......|
18  *
19  00200000
```

此时，①在 inode 表中，hello_xt 文件对应的 inode 中的 type 字段的值由 0x02 变为

0x00，表示该 inode 已被释放，处于空闲状态。其余 3 个字段的值未发生变化。②在删除 hello_xt 文件过程中，该文件的数据块索引表占用的 102 号数据块和用于存放该文件数据的 103 号数据块已被释放，因此，数据块位图中的 102 号数据块和 103 号数据块对应的比特由 1 变为 0（地址为 0x20c）。③因为在 hello_xt 文件的删除过程中，虽然释放了 102 号数据块和 103 号数据块，但是并没有清除数据块中的内容，所以 102 号数据块（地址为 0xcc00）和 103 号数据块（地址为 0xce00）中的内容未发生变化。在它们被重新申请时，在 get_block 函数中，调用 clear_block 函数进行内容清除的操作。至此，hello_xt 文件被成功删除。

代码清单 12.20　destroy.S 汇编程序

```
1    #include "asm.h"
2
3        .globl start
4    start:
5        addi.d $t0, $r0, -1
6    destroy:
7        syscall1_a NR_destroy,file
8        bne $t0, $a0, ok
9        syscall1_a NR_output, str
10       b exit
11   ok:
12       syscall1_a NR_output, str1
13   exit:
14       syscall0 NR_exit
15
16   str:
17       .string "file does not exist.\n"
18   str1:
19       .string "destroy successfully.\n"
20   file:
21       .string "hello_xt"
```

下面对代码清单 12.20 进行说明。
- 第 5 行：将 t0 寄存器的值设置为 –1。
- 第 7 行：调用 destroy 系统调用，删除文件名为"hello_xt"的文件。
- 第 8 行：对 destroy 系统调用的返回值和 t0 寄存器中的值 –1 进行比较，若返回值为 –1，表示 xtfs 文件系统中不存在"hello_xt"文件（详见代码清单 12.18 的第 12 行），则运行第 9 行代码，在显示器上显示字符串"file does not exist."。若返回值不为 –1，表示删除成功，则跳转到第 12 行代码，在显示器上显示字符串"destroy successfully."。
- 第 14 行：调用 exit 系统调用，进程终止运行。

12.5　本章任务

1. 尝试在 MaQueOS 中实现对文件进行任意字符的读写操作。
2. 尝试在 MaQueOS 中实现 xtfs 文件系统对根目录的支持。
3. 编写程序，实现在打开文件后，对文件连续进行写和读操作。
4.（飞机大战）完善飞机大战程序中关于 pwar.log 文件相关的操作。

附　　录

附录 A　实验环境的搭建

本书实验环境的搭建过程如下：

1）在虚拟机中安装 ubuntu 20.04。

2）更新源，代码如下：

```
sudo gedit /etc/apt/sources.list
deb https://mirrors.tuna.tsinghua.edu.cn/ubuntu/ focal main restricted universe
    multiverse
deb https://mirrors.tuna.tsinghua.edu.cn/ubuntu/ focal-updates main restricted
    universe multiverse
deb https://mirrors.tuna.tsinghua.edu.cn/ubuntu/ focal-backports main restricted
    universe multiverse
deb https://mirrors.tuna.tsinghua.edu.cn/ubuntu/ focal-security main restricted
    universe multiverse
sudo apt update
sudo apt upgrade
```

3）安装软件，命令如下：

```
sudo apt install libspice-server-dev libsdl2-2.0-0 libfdt-dev libusbredirparser-dev
    libfuse3-dev libcurl4 build-essential gcc-multilib libpython2.7 libnettle7
    git
```

4）克隆仓库，命令如下：

```
git clone https://gitee.com/dslab-lzu/maqueos.git
```

本书各章内容对应的实验代码位于 code* 目录中。例如，第 1 章的实验代码在 code1 中，第 2 章在 code2 中，以此类推。仓库目录如下所示：

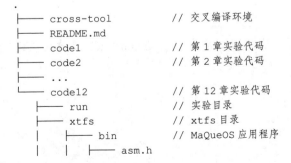

```
.
├── cross-tool        // 交叉编译环境
├── README.md
├── code1             // 第 1 章实验代码
├── code2             // 第 2 章实验代码
├── ...
└── code12            // 第 12 章实验代码
    ├── run           // 实验目录
    ├── xtfs          // xtfs 目录
    │   ├── bin       // MaQueOS 应用程序
    │   │   ├── asm.h
```

```
|   |   ├── compile.sh
|   |   ├── create.S          // 创建 hello_xt 文件
|   |   ├── destroy.S         // 删除 hello_xt 文件
|   |   ├── hello.S           // 测试 output 系统调用和软件定时器
|   |   ├── print.S           // 测试带参数的进程的创建
|   |   ├── read.S            // 从 hello_xt 文件中读数据
|   |   ├── share.S           // 测试页例外
|   |   ├── shmem.S           // 测试共享内存
|   |   ├── sync.S            // 测试 sync 系统调用
|   |   ├── write.S           // 向 hello_xt 文件中写数据
|   |   └── xtsh.S            // MaQueOS 使用的 shell 程序 (xtsh)
|   └── src                   // xtfs 工具源码
└── kernel                    // MaQueOS 源代码目录
    ├── Makefile
    ├── drv                   // 硬盘、键盘、显示器驱动
    |   ├── console.c
    |   ├── disk.c
    |   └── font.c
    ├── excp                  // 中断
    |   ├── exception.c
    |   └── exception_handler.S
    ├── fs                    // 文件系统
    |   └── xtfs.c
    ├── include               // 头文件
    |   └── xtos.h
    ├── init                  // 初始化
    |   ├── head.S
    |   └── main.c
    ├── mm                    // 内存
    |   └── memory.c
    └── proc                  // 进程
        ├── ipc.c
        ├── proc0
        ├── process.c
        └── swich.S
```

5）编译运行。

在 run 目录下，执行以下命令：

```
./run.sh
```

6）调试

调试分为两步，需要两个终端：

- 在第一个终端中，在 run 目录下，执行以下命令：

```
./run.sh -d
```

- 在第二个终端中，在 run 目录下，执行以下命令，启动 gdb（gdb 调试在该终端中进行）：

```
./gdb.sh
```

附录 B　LoongArch 汇编指令

本附录对 MaQueOS 的源代码中使用的 LoongArch 汇编指令进行详细说明。

1. addi 指令

功能：将通用寄存器中的值与立即数相加的和写入通用寄存器。

举例：

```
addi.d $t0, $t0, 1
```

将 t0 寄存器的值与 1 相加，结果写入 t0 寄存器中。

2. alsl 指令

功能：将通用寄存器中的值逻辑左移后与通用寄存器的值相加的和写入通用寄存器。

举例：

```
alsl.d $t0, $t1, $t2, 1
```

将 t2 寄存器中的值逻辑左移 1 位后加上 t1 寄存器中的值，结果写入 t0 寄存器。

3. andi 指令

功能：将通用寄存器中的值与立即数按位与运算的结果写入通用寄存器。

举例：

```
andi $t0, $t1, 1
```

将 t1 寄存器的值与 1 进行按位与运算，结果写入 t0 寄存器中。

4. b 指令

功能：无条件跳转。

举例：

```
b func
```

无条件跳转到 func 函数。

5. beq 指令

功能：将 2 个通用寄存器中的值进行比较，若二者相等则跳转。

举例：

```
beq $t1, $t0 , func
```

比较 t0 寄存器和 t1 寄存器的值，若相等，则跳转到 func 函数。

6. beqz 指令

功能：对通用寄存器的值进行判断，等于 0 则跳转。

举例：

```
beqz $t1, func
```

判断 t1 寄存器的值，若为 0，则跳转到 func 函数。

7. bl 指令

功能：无条件跳转。

举例：

```
bl func
```

无条件跳转到 func 函数，并将下一条指令的地址写入通用寄存器 ra。

8. bne 指令

功能：对 2 个通用寄存器中的值进行比较，若二者不相等则跳转。

举例：

```
bne $t1, $t0, func
```

比较 t0 寄存器和 t1 寄存器中的值，若不相等，则跳转到 func 函数。

9. csrrd 指令

功能：将指向控制状态寄存器的值加载到通用寄存器。

举例：

```
csrrd $t0, 0
```

将 0 号控制状态寄存器中的值加载到 t0 寄存器。

10. csrwr 指令

功能：交换通用寄存器与指向的控制状态寄存器中的值。

举例：

```
csrwr $t0, 0
```

交换 0 号控制状态寄存器与 t0 寄存器中的值。

11. ertn 指令

功能：例外返回。

12. invtlb 指令

功能：使 TLB 中的内容无效。

13. iocsrrd 指令

功能：将 I/O 控制状态寄存器中的值加载到通用寄存器。

举例：

```
iocsrrd.d $t0, $t1
```

将 t1 寄存器指向的 I/O 控制状态寄存器中的值加载到 t0 寄存器。

14. iocsrwr 指令

功能：将通用寄存器中的值写入 IO 控制状态寄存器。

举例：

```
iocsrwr.d $t0, $t1
```

将 t0 寄存器中的值写入 t1 寄存器指向的 I/O 控制状态寄存器。

15. jirl 指令

功能：无条件跳转到通用寄存器指向的地址处。

举例：

```
jirl $r0, $t0, 0
```

无条件跳转到 t0 寄存器指向的地址处。

```
jirl $ra, $t0, 0
```

无条件跳转到 t0 寄存器指向的地址处，同时将下一条指令的地址写入 ra 寄存器。

16. la 指令

功能：将访存地址加载到通用寄存器。

举例：

```
la $t0, go
```

将符号 go 表示的地址加载到 t0 寄存器。

17. ld 指令

功能：将内存中的数据加载到通用寄存器。

举例：

```
ld.d $t0, $t1 1
```

将 t1 寄存器中的值与 1 相加作为访存地址，把内存中的数据加载到 t0 寄存器。

18. lddir 指令

功能：遍历页目录，获取页表的起始物理地址。

举例：

```
lddir $t0, $t0, 1
```

遍历（1 级）页目录（起始物理地址存放在 t0 寄存器中），将触发 TLB 重填例外的虚拟地址对应的页目录项指向的页表起始物理地址加载到 t0 寄存器中。

19. ldpte

功能：遍历页表，获取页表项的内容。

举例：

```
ldpte $t0, 0
```

遍历页表（起始物理地址存放在 t0 寄存器中），将页表中触发 TLB 重填例外的虚拟地址对应的偶数页表项的内容写入 TLBRELO0 寄存器。

20. li 指令

功能：将立即数加载到通用寄存器。
举例：

```
li.d $t2, 1
```

将 1 加载到 t2 寄存器中。

21. or 指令

功能：将 2 个通用寄存器中的值按位逻辑或运算后的结果写入通用寄存器。
举例：

```
or $t0, $t1, $t2
```

将 t1 寄存器中的值与 t2 寄存器中的值按位或运算，并将结果写入 t0 寄存器。

22. ori 指令

功能：将通用寄存器中的值与立即数按位或运算的结果写入通用寄存器。
举例：

```
ori $t0, $t1, 1
```

将 t1 寄存器的值与 1 进行按位或运算，结果写入 t0 寄存器。

23. srli 指令

功能：将通用寄存器中的值逻辑左移后的结果写入通用寄存器。
举例：

```
srli.d $t0, $t1, 1
```

将 t1 寄存器中的值逻辑左移 1 位，结果写入 rd 寄存器。

24. st 指令

功能：将通用寄存器中的值写入内存。
举例：

```
st.d $t0, $t1, 1
```

将 t1 寄存器中的值与 1 相加作为访存地址，把 t0 寄存器中的值写入内存。

25. tlbfill 指令

功能：将 TLBRELO0 寄存器和 TLBRELO1 寄存器中存放的页表项信息填入到 TLB。

附录 C　LoongArch 控制状态寄存器

本附录对 MaQueOS 源代码中使用的 LoongArch 控制状态寄存器进行详细说明。

1. 当前模式信息寄存器（CRMD，0x0 号控制状态寄存器）

当前模式信息寄存器如图 C.1 所示。

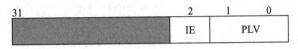

图 C.1　当前模式信息寄存器

- PLV 字段：当前特权级。触发例外时，硬件将该字段的值保存到 PRMD 寄存器中的 PPLV 字段后，将其设置为 0。执行 ERTN 指令时，硬件将 PRMD 寄存器中的 PPLV 字段的值恢复到该字段。
- IE 字段：当前全局中断使能。触发例外时，硬件将该字段的值保存到 PRMD 寄存器中的 PIE 字段后，将其设置为 0。执行 ERTN 指令时，硬件将 PRMD 寄存器中的 PIE 字段的值恢复到该字段。

2. 例外前模式信息寄存器（PRMD，0x1 号控制状态寄存器）

例外前模式信息寄存器如图 C.2 所示。

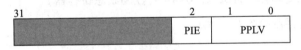

图 C.2　例外前模式信息寄存器

- PPLV 字段：触发例外时，硬件将 CRMD 寄存器中 PLV 字段的值保存到这个字段。执行 ERTN 指令时，硬件将这个字段的值恢复到 CRMD 的 PLV 字段。
- PIE 字段：触发例外时，硬件将 CRMD 寄存器中 IE 字段的值保存到这个字段。执行 ERTN 指令时，硬件将这个字段的值恢复到 CRMD 的 IE 字段。

3. 例外配置寄存器（ECFG，0x4 号控制状态寄存器）

例外配置寄存器如图 C.3 所示。

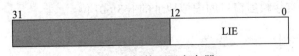

图 C.3　例外配置寄存器

- LIE 字段：局部中断使能。该字段中的 13 位分别对应 LoongArch 架构支持的 13 个中断，每 1 个比特控制 1 个中断。也就是说，若将某个比特设置为 1，则使能该比特对应的中断。

4. 例外状态寄存器（ESTAT，0x5 号控制状态寄存器）

例外状态寄存器如图 C.4 所示。

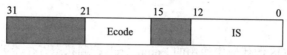

图 C.4　例外状态寄存器

- IS 字段：中断状态。该字段中的 13 位分别对应 LoongArch 架构支持的 13 个中断。若某个比特为 1，则表示产生了该比特对应的中断。
- Ecode 字段：触发例外时，硬件将该例外的例外号保存到该字段。

5. 定时器配置寄存器（TCFG，0x41 号控制状态寄存器）

定时器配置寄存器如图 C.5 所示。

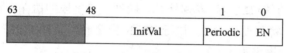

图 C.5　定时器配置寄存器

- EN 字段：定时器使能位。只有当该位为 1 时，定时器才会进行倒计时自减。
- Periodic 字段：循环模式控制位。若该位为 1，则开启循环模式。
- InitVal 字段：定时器倒计时自减计数的初始值。硬件将该值左移 2 位后的值作为最终的定时器自减初始值。

6. 定时中断清除寄存器（TICLR，0x44 号控制状态寄存器）

定时中断清除寄存器如图 C.6 所示。

图 C.6　定时中断清除寄存器

- CLR 字段：通过向该字段写 1 来清除定时器中断标记。

7. 直接映射配置窗口寄存器（DMW0，0x180 号控制状态寄存器）

直接映射配置窗口寄存器如图 C.7 所示。
- PLV0 字段：在进行直接映射配置时，特权级 PLV0 对应的字段。
- VSEG 字段：直接映射窗口的虚拟地址的 [63:60] 位。

图 C.7　直接映射配置窗口寄存器

附录 D　MaQueOS 库函数

本附录对 MaQueOS 源码中的库函数的功能和参数进行了详细说明。库函数包括寄存器读写、内存操作、字符串操作以及 TLB 刷新。

1. write_csr_32/write_csr_64 函数

功能：将数据写入指定控制状态寄存器中。

参数：val，需要写入控制状态寄存器的值。

　　　csr，控制状态寄存器的地址。

返回值：无

```
static inline void write_csr_32(unsigned int val, unsigned int csr)
{
    asm volatile("csrwr %0, %1"
                 :
                 :"r"(val), "i"(csr));
}
static inline void write_csr_64(unsigned long val, unsigned int csr)
{
    asm volatile("csrwr %0, %1"
                 :
                 :"r"(val), "i"(csr));
}
```

2. read_csr_32/read_csr_64 函数

功能：读取指定控制状态寄存器中的值。

参数：csr，控制状态寄存器的地址。

返回值：地址为 csr 的控制状态寄存器中的值。

```
static inline unsigned int read_csr_32(unsigned int csr)
{
    unsigned int val;

    asm volatile("csrrd %0, %1"
                 : "=r"(val)
                 : "i"(csr));
    return val;
}
static inline unsigned long read_csr_64(unsigned int csr)
{
    unsigned long val;

    asm volatile("csrrd %0, %1"
```

```
                    : "=r"(val)
                    : "i"(csr));
        return val;
    }
```

3. read_cpucfg 函数

功能：读取处理器的配置信息。

参数：cfg_num，配置信息字号。

返回值：字号为 cfg_num 的配置信息。

```
static inline unsigned int read_cpucfg(int cfg_num)
{
    unsigned int val;

    asm volatile("cpucfg %0, %1"
                    : "=r"(val)
                    : "r"(cfg_num));
    return val;
}
```

4. write_iocsr 函数

功能：将数据写入 I/O 控制状态寄存器。

参数：val，需要写入 I/O 控制状态寄存器的值。

　　　　reg，I/O 控制状态寄存器的地址。

返回值：无

```
static inline void write_iocsr(unsigned long val, unsigned long reg)
{
    asm volatile("iocsrwr.d %0, %1"
                    :
                    : "r"(val), "r"(reg));
}
```

5. read_iocsr 函数

功能：读取指定 I/O 控制状态寄存器中的值。

参数：reg，I/O 控制状态寄存器的地址。

返回值：地址为 reg 的 I/O 控制状态寄存器中的值。

```
static inline unsigned long read_iocsr(unsigned long reg)
{
    unsigned long val;

    asm volatile("iocsrrd.d %0, %1"
                    : "=r"(val)
                    : "r"(reg));
    return val;
}
```

6. invalidate 库函数

功能：刷新 TLB。

参数：无

返回值：无

```
static inline void invalidate()
{
    asm volatile("invtlb 0x0,$zero,$zero");
}
```

7. set_mem 函数

功能：将指定数据写入指定的内存中。

参数：to，内存的起始地址。

　　　c，往内存中写入的数据。

　　　nr，内存的大小。

返回值：无

```
static inline void set_mem(char *to, int c, int nr)
{
    for (int i = 0; i < nr; i++)
        to[i] = c;
}
```

8. copy_mem 函数

功能：复制内存。

参数：to，目的内存的起始地址。

　　　from，源内存的起始地址。

　　　nr，需要复制的字符数量。

返回值：无

```
static inline void copy_mem(char *to, char *from, int nr)
{
    for (int i = 0; i < nr; i++)
        to[i] = from[i];
}
```

9. copy_string 函数

功能：复制字符串。

参数：to，目的字符串。

　　　from，源字符串。

返回值：无

```
static inline void copy_string(char *to, char *from)
{
    int nr = 0;
```

```
while (from[nr++] != '\0')
    ;
copy_mem(to, from, nr);
}
```

10. match 函数

功能：比较 2 个字符串的内容是否相等。

参数：st1，待比较的字符串。

st2，待比较的字符串。

nr，字符串的长度。

返回值：相等返回 1，不相等返回 0。

```
static inline int match(char *str1, char *str2, int nr)
{
    for (int i = 0; i < nr; i++)
    {
        if (str1[i] != str2[i])
            return 0;
        if (str1[i] == '\0')
            return 1;
    }
    return 0;
}
```

附录 E　飞机大战程序设计

飞机大战程序在运行过程中，除了 pwar 主进程，还需要创建 5 个（类）进程，它们的具体工作如下：这些进程通过名为 plane 的共享内存进行通信，共享内存 plane 包含 1 个 160（显示器一行可以显示的字节数）×50（显示器的列数）= 800B 大小的用于保存显示内容的空间（以下简称显示器空间），以及 1 个用于记录飞机头在显示器空间中偏移的变量 plane_head。其中，显示器空间在共享内存 plane 中的偏移为 0，plane_head 变量的偏移为 8000。下面介绍不同的进程对它们的操作。

1. pwar 进程

- 申请共享内存 plane。
- 将 pwar.log 文件中的内容加载到共享内存 plane 中，若 pwar.log 文件不存在，则清空共享内存 plane 中的内容。
- 调用 refresh 系统调用，将显示器空间中的内容刷新到显存中。
- 将飞机"显示"到显示器空间中。
- 创建 refresh 进程。
- 创建 bullet_create 进程。
- 创建 enemy_create 进程。
- 循环调用 input 系统调用，等待用户输入字符。
  - 当输入字符 a 时，在显示器空间中将飞机向左"移动"，并将飞机头的位置保存到 plane_head 变量中。
  - 当输入字符 s 时，在显示器空间中将飞机向右"移动"，并将飞机头的位置保存到 plane_head 变量中。
  - 当输入字符 o 时，将共享内存 plane 中的内容保存到 pwar.log 文件后，终止运行所有进程。

2. refresh 进程

- 申请共享内存 plane。
- 每隔固定时间，调用 refresh 系统调用，将显示器空间中的内容刷新到显存中。

3. bullet_create 进程

- 每隔固定时间，创建 1 个 bullet 进程。
- 调用 pause 系统调用，将自己挂起，当 bullet 进程终止运行后，释放它们占用的资源。

4. enemy_create 进程

- 每隔固定时间，创建 1 个 enemy 进程。
- 调用 pause 系统调用，将自己挂起，当 bullet 进程终止运行后，释放它们占用的资源。

5. bullet 进程

- 申请共享内存 plane。
- 获取 plane_head 变量的值。
- 将子弹"显示"到显示器空间中 plane_head 变量指向的位置。
- 每隔固定时间，循环判断子弹的位置。
  - 若子弹未与敌机相遇，或者未移动出显示器，则在显示器空间中将子弹向上"移动"1 行。
  - 若子弹与敌机相遇，或者移动出显示器，则在显示器空间中"擦除"子弹后，进程终止运行。

6. enemy 进程

- 申请共享内存 plane。
- 获取一个 160 以内的随机数 x。
- 将敌机"显示"到显示器空间中随机数 x 指向的位置。
- 每隔固定时间，循环判断敌机的位置。
  - 若敌机未与子弹或者飞机相遇，或者未移动出显示器，则在显示器空间中将敌机向下"移动"1 行。
  - 若敌机与子弹或者飞机相遇，或者移动出显示器，则在显示器空间中"擦除"敌机后，进程终止运行。